土壤水分物理特性的空间变异理论及实例分析

贾艳辉　杨宝斌　王利书　冯亚阳　著

黄河水利出版社
·郑州·

内 容 提 要

为量化黄河中下游灌区土壤水分物理特性的空间关系，本书以河南北部引黄灌区典型农田为研究对象，基于小区尺度，运用经典统计学、空间统计学对研究区土壤黏粒、粉粒、沙粒、饱和导水率、团聚体、水分特征曲线参数以及土壤水分等的空间变异性、相关性及分布规律进行了分析和讨论，并结合区间估计理论对各变量的合理取样数进行了计算。

本书可供农田水利工程技术人员以及相关领域的研究人员参考。

图书在版编目（CIP）数据

土壤水分物理特性的空间变异理论及实例分析．—贾艳辉等著．郑州：黄河水利出版社，2022．9

ISBN 978-7-5509-3376-7

Ⅰ．①土… Ⅱ．①贾… Ⅲ．①土壤水-物理性质-研究 Ⅳ．①S152．7

中国版本图书馆 CIP 数据核字（2022）第 166004 号

组稿编辑：王路平　电话：0371-66022212　E-mail：hhslwlp@126.com

陈俊克　0371-66026749　hhslcjk@126.com

出 版 社：黄河水利出版社　网址：www.yrcp.com

地址：河南省郑州市顺河路黄委会综合楼 14 层　邮政编码：450003

发行单位：黄河水利出版社

发行部电话：0371-66026940、66020550、66028024、66022620（传真）

E-mail：hhslcbs@126.com

承印单位：河南新华印刷集团有限公司

开本：890 mm×1 240 mm　1/32

印张：4．5

字数：130 千字

版次：2022 年 9 月第 1 版　印次：2022 年 9 月第 1 次印刷

定价：46．00 元

前　言

黄河中下游灌区作为我国粮食的主要产区之一，对保证我国粮食安全发挥着重要的阵地作用。其土壤性质空间变异数据对于当下精准灌溉以及决策管理至关重要，量化黄河中下游灌区土壤物理特性的空间关系，明晰研究区土壤水分物理特性的空间变异性及相关规律，可以为农田精准化灌溉管理以及数字农业提供必要的数据支撑。

土壤的各种特性在空间分布上既有连续性又有变异性，其空间变异性的强弱反映了土壤性质空间关系，研究此关系对揭示土壤空间结构的本质具有重要的支撑作用；研究小区尺度上土壤水分物理特性的空间变异性还有助于揭示整个农田的土壤特性和灌溉需求在空间分布上的差异；同时，了解土壤水分物理特性的时空变异性对于平衡植物-水效益、提高监测和预测干旱以及地区水碳循环效应等能力也具有十分重要的意义，而且区域土壤特性的空间变异性也为研究土壤的沉积过程、土壤水分运移以及碳循环方面的工作提供了重要的价值信息。小区尺度下土壤性质空间变异性的研究是实现农业精准灌溉的重要基础，所以基于该尺度上的土壤性质空间变异性的研究对于该地区的精准农业有十分重要的意义。

本书在编写和书稿整理过程中得到了孙秀路、张晓峰等同志的帮助。另外，本书在编写过程中还引用了大量的参考文献。在此，谨向为本书的完成提供支持和帮助的单位、所有研究人员和参考文献的作者表示衷心的感谢！

由于作者水平有限，书中难免存在不妥之处，敬请读者朋友批评指正。

作　者

2022 年 7 月

目　录

第1章　绪　论 …………………………………………………… (1)
1.1　研究背景 ……………………………………………………… (1)
1.2　研究目的与意义 ……………………………………………… (1)
1.3　国内外研究进展 ……………………………………………… (2)
1.4　研究目标和内容 ……………………………………………… (11)
1.5　技术路线 ……………………………………………………… (11)
第2章　材料与方法 ………………………………………………… (13)
2.1　试验方案 ……………………………………………………… (13)
2.2　研究理论和方法 ……………………………………………… (15)
2.3　测定项目及方法 ……………………………………………… (24)
2.4　数据处理 ……………………………………………………… (27)
第3章　土壤粒级属性与密度的空间变异及自相关分析 ……… (29)
3.1　变量的表述性统计 …………………………………………… (29)
3.2　空间统计学分析 ……………………………………………… (37)
3.3　小　结 ………………………………………………………… (61)
第4章　土壤团聚体的空间变异及自相关分析 ………………… (62)
4.1　各级团聚体含量的表述统计 ………………………………… (62)
4.2　空间统计学分析 ……………………………………………… (68)
4.3　小　结 ………………………………………………………… (89)
第5章　土壤水分参数与导水率的空间变异及自相关分析 …… (91)
5.1　各样点的土壤水分特征曲线形态 …………………………… (91)
5.2　土壤水分参数及导水率的描述统计 ………………………… (95)
5.3　空间统计学分析 ……………………………………………… (101)
5.4　小　结 ………………………………………………………… (114)

第 6 章 变量的合理取样数目及 Pearson 相关分析 …………… (116)
6.1 土壤各物理量的合理取样数 ………………………… (116)
6.2 土壤各物理量之间的 Pearson 相关 …………………… (126)
6.3 小 结 ………………………………………………… (128)
第 7 章 结论与展望 ……………………………………… (129)
7.1 研究结论 ……………………………………………… (129)
7.2 创新点 ………………………………………………… (130)
7.3 不足之处及研究展望 ………………………………… (130)
参考文献 ………………………………………………… (131)

第1章 绪 论

1.1 研究背景

土壤作为生物界赖以生存的主要资源，广泛地存在于自然界中。作为人类最基本的产业——农业，更是以土壤为主战场，离开了土壤这一环节，大面积的农业生产就无法进行，可以说，没有土壤就没有现代农业，更不可能有人类物质文明[1]。尽管土壤大面积地分布于地球之上，但可供人类有效利用的比例还是十分有限的，并且在传统的农业生产方式面前，土壤的最大利用效率已出现严重的内卷化效应，在有限的资源条件下，要实现与人类社会发展相适应的农业生产方式，就必须实现农业的智慧化管理和高质量发展。黄河中下游地区作为我国农业生产的主要阵地之一，为配合该地区正在实施的农田高标准建设，获取土壤基本数据信息能否准确地反映地区真实情况就成了一个亟待解决的问题，这些关键性数据信息在农田数字化和智慧化研究方面前景广阔[2]。

1.2 研究目的与意义

量化黄河中下游地区土壤物理特性的空间分布特征，明晰研究区土壤水分物理特性的空间变异性及相关规律，可为研究区农田精准化灌溉管理制度的构建以及农田数字化的实现提供有力的数据支撑。

黄河中下游地区作为我国粮食的主产区之一，对保证我国粮食安全有着重要的作用，该地区位于华北平原腹地，降水量不充沛且年度分布不均，与作物需水规律不同步，灌溉是保证该地区粮食高产的主要措施之一。探明土壤物理性质的空间变异性对实施农田的精准化灌溉和决策管理至关重要，因此基于田块尺度上的土壤性质空间变异性的研究对于该地区的土壤管理实践以及农业智慧化、精准化的实现都有着十分重要的指导意义[2-4]。有研究指出，土壤的物理特性在空间分布上既有连续性，又有变异性，其空间变异性的强弱正是土壤物理性质的空间关系表象，研究此表象对揭示土壤空间结构的本质有着基础性的作用[5]；还有研究指出，田块尺度下土壤性质空间变异性的研究是实现农业精准灌溉的重要基础[6]，所以要实现农业的精准化灌溉，就必须以田间试验为基础去研究土壤性质的空间变异性。不仅如此，在田块尺度上研究土壤水分物理特性的空间变异性还有助于揭示整个农田的土壤特性和灌溉需求在空间分布上的差异[7]；明确土壤水分物理特性的时空变异性对于平衡植物-水效益、提高监测和预测干旱以及地区水碳循环效应等能力也具有十分重要的意义[8]，且区域土壤特性（土壤质地和水力特性）的空间变异性也为研究土壤的沉积过程、土壤水分运移以及碳循环方面的工作提供了重要的价值信息[9-10]。

1.3 国内外研究进展

空间变异研究在分析土壤方面主要集中于对土壤物理、化学变量的分析和阐述，旨在阐明其在地理位置上的分布情况以及对空间的依赖性特点，这一点主要是指变量在空间上的自相关性，以期为农业实践及高效治理提供可参考的依据。前人研究与土壤有关的物理量中最为基础也是最重要的便是各研究区域的土壤水分，土壤水分的空间分布对于农作物的生长及管理有着直接的影响，而其他较为多见的是对研究区域内土壤理化性质的空间变异规律进行分析，如土壤的 pH 值、电导率、热特性、有机碳，以及氮、磷、钾等[3,11-12]。

1.3.1 空间变异理论

研究区域化变量的空间变异一般采用经典统计学和地统计学相结

合的方法对研究变量进行分析处理，以求在机制上对土壤理化性质的空间变异予以揭示[13]。对于地统计学而言，半方差函数是研究的主要理论与工具，半变异函数反映的是土壤性质在一定空间尺度上的变异特征和相关程度，克里格插值是利用原始数据结合半变异函数的结构性，对未采样区变量展开无偏估计[14]。在此基础上，相关研究主要阐述拟合模型参数的意义，认为研究区变异系数（C_v）、块金值（C_0）、基台值（C_0+C）、空间相关度［$C_0/(C+C_0)$］和最大相关距离（变程）等模型参数可定量分析空间的变化规律[6,15]。Pandey等[7]认为试验数据模型的选择是根据试验半变异函数模型的基台、范围和块金进行的，且半变异函数模型中球形模型是最常用的模型，因为该模型可以确保在稳定之前几乎是线性增长到一定距离。在参数定义方面，有人认为当$C_v \leq 30\%$时，为弱变异；当$30\% < C_v \leq 100\%$时，为中等变异；而当$C_v > 100\%$时，为强变异[9]。但也有研究者认为，即当$C_v > 100\%$时表现为强变异性，当$10\% \leq C_v \leq 100\%$时表现为中等变异性，当$C_v < 10\%$时表现为弱变异性。对于空间相关度DSD［$C_0/(C+C_0)$］，则一致定义为在小于0.25时，认为其变量在空间上具有很强的空间依赖性；在0.25～0.75时，则被认为是中度依赖性；而如果它在空间上超过0.75，就被认为其空间依赖性较差[16-17]。前一种定义上的不同可能与研究者所研究的变量特性有关。

研究空间变异用到的另一种理论是多重分形理论，多重分形理论在土壤空间变异研究中主要用于构造多重分形奇异谱，因为可从多重分形谱的特征中看出土壤空间有无分形的特征，并且主要能反映出土壤属性的空间变异程度。前人研究理论认为，当研究对象质量概率$P_i(\delta)$统计矩的阶$q \geq 0$时，随q的增加，若广义维数$D(q)$减小，则研究对象具有多重分形特征[18-20]。另外，奇异性指数$\alpha(q)$和多重分形谱函数$f(q)$所构建的曲线称之为多重分形谱，多重分形谱的宽度$\Delta\alpha$的值反映了变量分布的整体异质性，$\Delta\alpha$的值越大，变量分布的变异性就越大，$\alpha(q) \sim f(q)$曲线的不对称性反映了不均匀变量分布的主要原因；

若曲线呈“左钩”形，则变量的空间变化以较小的值为主；相反，如果曲线的形状是“右钩”形，则大的值占主导地位。部分研究还指出，多重分形奇异谱较变异函数灵敏性更好、准确度更高[9,21-22]。

多重分形理论在研究空间变异的应用中，刘继龙等[23]用联合多重分形的方法分析了不同土层土壤水分特征曲线的空间变异及其影响因素，结果表明，由多重分形谱发现参数 α 的空间变异性都较大，而参数 n 和 θ_s 的空间变异性较小，其与变异系数的分析结果一致，另外还得到土壤颗粒以及密度、有机质含量等的联合多重分形谱，阐释了相应的结论。还有研究针对土壤硝态氮以及其他因素对玉米产量时空变异的影响进行了多重分形分析[18,24]，可见多重分形理论在农学方面的应用越来越受到研究者的广泛采纳。

除上述两种理论方法研究土壤的空间变异性外，还有人运用 BP 神经网络对土壤水力特征参数与土壤物化参数进行了空间变异研究，得出了利用学习速率和动量因子自适应的 BP 神经网络模型研究空间变异性是可行的结论[25]。

1.3.2 土壤水分物理特性空间变异的尺度效应

在土壤空间变异的研究中，首先要对研究区的研究对象进行采样，由于研究区域的大小不一，故采样的尺度也就相应不同，这种由采样尺度的不同所产生的影响，研究者相应地也做了大量的研究和探讨，其结论一般呈现为两种。第一种研究结论表明，随着采样幅度在一定范围内的增大，其空间变异的特征参数如变异系数、相关距离和 Moran′s I 指数都呈不同程度的增大，同时大尺度上结构因素引起的变异相关性会掩盖小尺度上结构因素和随机因素引起的变异相关性，使土壤水分各物理特性在较大尺度内变化平稳。并且当采样幅度一定时，尽管采样间距增大，变异系数和 Moran′s I 指数却没有明显的变化，但相关距离会减小，由此可见，在一定的研究区域内，适当增大采样间距仍可以得到土壤水分的实际变异系数，表明采样间距对变异系数基本不产生影响[26-27]。另外一种研究结论则认为相关土壤水分特性的相对空间变异性通常随取样范围的增大而减小。也就是说，研究区农田土壤部分特性的平均含量状况和变异程度均随采样面积的增大逐渐减小[28-30]，但也有研究[31]得出各尺度变异系数均随着采样尺度的减小而减小等不同的结论。而关于采样密度（间距）是否对变异特征参数有影响，相关研究认为采样密度越小，土壤水分相关特性的空间分布趋势越平缓，随着采样密度的增大，土壤含水量的空间分布特征趋于明显等与第一种不同的结论[4]。前述两种结论表明，随着研究区域的不同，一般得到的土壤各种属性的空间变化规律在局部会表现出明显的差异。但就总体变化趋势而言，呈现出基本的一致性，具体表现为研究对象在小尺度上具有较强的空间相关性，且采样尺度能够显著地影响研究方法对研究对象空间变异的方向、大小结果的衡量[11,32-35]。之所以产生上述不同的结论，这可能与研究区域的土壤水分物理特性有关，但是研究理论的广泛适用性还有待证实，不过这些研究基本都说明了，随着研究尺度的不同，经验变异函数会慢慢偏离理论变异函数，导致变异函数的一些特征值，如块金值以及基台值都会产生差异，变程所表示的土壤性质空间自相关也会有所不同[36]。

1.3.3 土壤水分物理特性空间变异的影响因素

针对土壤水分物理特性空间变异的影响因素，前人做了大量深入且有效的研究工作，并在各自研究对象的基础上给出了相应的研究结论。针对具体的地域环境时，Zhang 等[37]对喀斯特凹陷区表层土壤水分的空间变异性做了专门研究，指出影响表层土壤水分变化的主要因素是降雨和土地利用类型，其海拔、裸岩和土壤有机碳也是影响洼地旱季和雨季表层土壤水分控制和再分配的重要因素。土地利用类型不仅影响喀斯特凹陷区表层土壤水分的空间变异性，同时还有研究者[38]指出，土地利用方式还是影响土壤纵深方向上不同土层平均水分空间变异的关键因子，并且在干水分状态下，土地利用方式对土层时间平均水分的空间变异也有微弱的影响；其次，地形因素对土壤水分也有着显著影响[15,38]。在土壤水分的空间变化上，相关研究者[28]通过田间试验，对18个不同范围（田间、区域和流域）和深度（从地表到根区剖面）的土壤水分进行了测量，并确定了研究区域的土壤水分空间变化模式，从而为后续农业生产以及土壤水分的有效监测提供了一种新的路径。同时还指出，土壤水分的空间变化主要受流域自然的气候、土壤质地、植被和地形等物理性质的影响。对其影响因素而言，随着研究区域和时空的不同而有所差异，在时空变异方面，Han等[39] 运用空间变异理论分析了1948—2014年我国0~10 cm土层土壤水分的时空变化特征，研究表明，大部分地区土壤水分下降明显（$p< 0.01$），尤其是春季和秋季的土壤水分下降趋势相当显著。而且全国年均土壤湿度在20世纪70年代发生了突然的变化，大部分地区的土壤水分亏缺程度呈缓慢下降趋势，部分地区的土壤水分短缺情况变得更加突出。还有则是针对我国亚热带平原粮食大产区土壤性质的时空变化做了相应的研究，指出我国亚热带平原粮食产区除有效磷外，2017年所有属性的变异性都低于2007年，pH的变异性低于其他指标。2007年的空间相关性强于2017年，有效磷和有机物的空间相关性强于其他指标。并指出种植制度的改变、施肥措施的差异和酸雨的减少则是导致近年来土壤性质和肥力改变的三个重要原因[2]。在研究区域上，有研究指出，土壤水分的空间异质比受到多种因素的影响，不仅包括随机因素（灌溉、砍伐和耕种等）等自然以及人为活动的因素，另外还有结构性因素（土壤母质、降雨和土壤类型等）。总体而言，一般会将其归纳为土壤构成属性、自然环境以及人为活动因素三个方面，土壤自身属性一般由土壤质地和土壤形成因素所决定，而另外两个方面的影响多为外力要素，如降雨侵蚀、耕作、施肥等[40-46]。部分研究结果还表明，影响要素在不同的研究区域，其各自的影响效果又具有明显的不同，显示出主次之分，从而改变了土壤原有的空间分布方式，使其在空间变异上呈现出更具复杂性的土壤特征[47-48]。

1.3.4 密度、导水率及团聚体的空间变异性

表层密度作为土壤的基本物理特性，受成土母质、气候以及生物扰动等因素的综合作用，对土壤中溶质和水分的运移、降水入渗以及土壤抗侵蚀能力有显著影响[49]，同时土壤密度在空间上一般具有明显的空间结构和自相关特征，其在空间上的分布类型多呈正态分布规律且变异程度普遍较其他土壤属性变量低[50-51]。土壤水力特性作为评估降水入渗、径流发生以及土体可蚀性的重要参数，其空间变异性是影响降雨、灌溉等水分入渗和土壤水分再分布的重要因素之一[49]。研究田间尺度土壤水力性质的空间变异及相关特征，对于以田块为基本单元的黄河中下游灌区的综合治理具有直接意义，同时有助于定量估计土壤水分的空间分布和设计农田的精准灌溉管理制度，其大小与分布主要受土壤质地与结构、土地利用方式、植被类型等多种因素的影响，使 K_s 在小区域上产生强烈的空间变异特征，其分布类型则主要呈偏态分布[49,52]。而空间变异程度一般在研究区上表现为中等或强的空间变异特征，且一般具有较弱的空间依赖性，半方差函数分布多用球状和高斯模型进行拟合，其土壤、气候、地形和土地利用方式可作为模拟预测区域尺度土壤 K_s 空间分布的潜在变量[53-54]。有研究还就分析黄土高原坡面土壤饱和导水率（K_s）的空间相关性时，提出 K_s 与密度、沙粒、粉粒和黏粒含量在不同滞后距离下有一定的空间相关性[55-56]。

土壤团聚体是在一系列物理、化学、生物的综合作用下形成的，既受到土壤本身性质的作用，也受到外界自然因素、人为因素和成土过程的影响[14]。研究表明，土壤团聚体的稳定性主要受土壤机械组成、地形、植被类型以及土壤有机质等内在因素共同决定，但耕作、放牧的作用也不容忽视，其中土壤机械组成起着关键性的作用[57-59]。另外，不同耕作模式下团聚体稳定性的空间变异也具有显著差异，这主要归因于机械操作和作物生长对其土壤结构产生的影响：机械作用一般导致了土壤抗解聚力增强，大团聚体含量增加的现象产生。团聚

体在不同研究区或不同空间尺度下，其空间相关性差异显著，但主要呈现出中等的空间依赖性[60-61]。

1.3.5 土壤水分特征曲线的获取及空间变异

测定土壤水分特征曲线常用的方法有离心机法、张力计法、压力膜仪法、平衡水汽压法、砂芯漏斗法、沙箱法、蒸发法以及露点水势仪法等，而实验最常见的有压力膜仪法、离心机法和张力计法，各具有其优缺点。王红兰等[62] 在探究全吸力范围内土壤水分特征曲线的可靠测定方法时发现不同吸力段测试方法精度不一，要获得较准确的数据，全吸力段可采取不同的测试方法。这说明土壤水分特征曲线的测定方法的优劣并不是绝对的，并且就测量同一种土壤得到的参考值也是不一样的，所以各测试方法的适用性不能一概而论。但是较为一般性的结论是压力膜仪法测定精度高、范围广，但测定周期长、步骤烦琐。而张力计法测定的范围较窄，一般在 0~0.8 bar。同时实验用得最多的离心机法则会导致土壤密度变化较大，很难获得较符合真实情况的土壤水分特征曲线。有研究[63-64] 测试表明，离心机转速增大，土壤含水率降低，密度随之增大，考虑土壤密度变化所得的残余含水率（θ_r）和进气吸力值倒数 a 均增大，但模型的形状系数 n 均减小，因此离心机法测定土壤水分特征曲线的过程中需考虑土壤密度的变化，以此获得的参数才能够较为显著地提高数值模拟精度。尽管如此，实测方法总是烦琐、耗时费力，基于这些原因，大量的研究人员通过分析可测的土壤理化性质与土壤水分特征曲线之间的关系，进而建立了基于区域土壤理化性质的某种对应关系，这样的一种具体的对应就被称之为土壤传递函数，土壤传递函数就是利用土壤的基本物理性质（如粒径大小分布、密度、化学及矿物学性质等），通过某种算法（如回归分析、人工神经网络等）来构建吸力与含水量之间的关系函数，从而获得预测的土壤水分特征曲线[65]。相关学者们[66-68] 则是基于以上方法，在自己研究的尺度上分别就不同的常用土壤水分特征曲线经验模型的参数建立了不同的预测模型，并对各自的适用性做了比较分析，其适用性一般因研究区域尺度的不同而有所差异。

前面两种获取土壤水分特征曲线的方法都是基于实验的经验函数而展开的，而从理论上去解释土壤水分特征曲线的一般表现形式还存在许多未知困难。但当研究者发现 Mandelbrot[69] 提出分形几何的概念后，分形理论就被土壤科学研究所引用。基于此理论，Arya 等[70] 首先利用土壤的粒级分布与密度数据推导了确定土壤水分特征曲线的机制-经验型模型。Tyler 等[71] 则在他们的基础上提出了一种根据土壤颗粒分布计算分形维数并预测水分特征曲线的方法。其后，不少学者在此基础上相继做了大量的研究工作。王康等[72] 基于土壤分形的特点，将土壤的物理构成分为不具有分形结构的固体颗粒和孔隙以及具有分形结构的团聚体结构，建立了土壤孔隙和粒径分布的不完全分形模型，再利用与 Young Laplace 方程的关系，推导出土壤水分特征曲线模型。刘慧等[73] 则是在研究基于土壤颗粒质量的分形特征时，对其原有的质量分形模型进行了简化，得到较简洁的分形方法，并根据土壤黏粒含量估计了水分特征曲线，对 578 个不同质地样本进行了分析预测，结果表明精度是符合研究需要的。刘继龙等[74] 则是基于此理论并利用联合多重分形方法构建了土壤水分特征曲线的传递函数，通过建立起来的这种关系来预测原状土水分特征曲线，且在整个含水率范围内进行了预测，其结果与实测值具有较好的一致性。

描述土壤水分特征曲线的类型，一般可分为四大类：指数函数型、幂函数型、双曲线余弦函数型和误差函数型，其中幂函数型的曲线是描述土壤水分持水特征最普遍的模型，而其中使用较广泛的主要有 Gardner 模型[75]、Brooks-Corey 模型[76]、Campbell 模型[77] 和 Van Genuchten 模型[78] 等。在模型拟合与优选这一块，多数研究者都是在各自研究的尺度上展开探讨的，从而提出一种适合描述研究区域土壤持水能力的一般性模型，为该研究地区的土壤水分有效利用和农业用水提供数据支撑。众多研究中，比较典型的研究方法为模型适应性的比较分析，其适应性的判定标准的构成在于拟合值与实测值的拟合精度。其中，Van Genuchten 模型由于适用土壤质地范围广[79] 而得到多数研究者利用。一般来说，需要哪种模型，一般会考虑到是否能让问题得到简化且拟合精度可在接受范围之内，所以模型的最终选择是基于开始选择哪些模型去拟合实验数据的，而不是在所有的参考模型当中找出最优[80-81]。选择出适合各自研究尺度上所需的持水曲线模型，及时了解田间土壤的实际含水状况和水分分布，以便及时进行灌溉、保墒等，为保证作物的正常生长提供量化的依据。

由于土壤在各地区的分布呈现出较多样的特征，所以各地区的土壤水分特征曲线分布也存在较大的差异，比如郝振纯等[82]在分析其淮北平原典型土壤不同深度的土壤水分特征曲线时发现该区域土壤水分特征曲线垂向分布差异很大，在包气带中水分最活跃的0~50 cm差异最大。这种随着土壤深度的变化，土壤持水性能也随之发生不同程度改变的现象[83-84]，有研究[84-85]指明造成这一垂直变异性现象的因子主要包括土壤物理性黏粒含量、有机质含量以及密度等。

1.3.6　有待解决的科学问题

基于以上所述，可知不管是在基础理论进展方面，还是对区域土壤相关特性空间变异性的阐述方面已获得了大量实质性的研究成果，但是由于各土壤水分物理特性在空间分布上的复杂性以及地域不同所引起的差异性，其依然具有需要研究的方面。

（1）基于田间尺度对黄河中下游土壤水分物理特性的空间变异性研究较少。

（2）运用空间统计学理论对其土壤粒级属性、密度、团聚体、导水率、土壤水分等属性变量的全局自相关分析以及增量自相关分析的并不多，进一步的变异性与自相关性之间的联系，前人阐述的理论与数据支撑也并不充分。

1.4　研究目标和内容

1.4.1　研究目标

应用经典统计学、空间统计学以及区间估计理论，探讨田间尺度上土壤水分物理特性的空间变异结构及自相关性规律，并确定其合理的取样数目，为本地区农田精准化灌溉管理制度的构建以及农田智慧化的实现提供数据支撑。

1.4.2　研究内容

为了量化黄河中下游地区土壤物理特性的空间关系，本研究以豫北引黄灌区典型农田为研究对象，基于田间尺度，以经典统计学和空间统计学为理论分析工具，对其土壤各物理属性进行空间变异及相关性的分析和阐释，最后基于区间估计理论计算各物理量的合理取样数目。具体研究内容包括以下几个方面：

（1）分析了耕作层土壤粒级属性、密度及各级土壤团聚体结构的空间相关性和变异分布规律。

（2）利用压力膜仪测定其研究区耕作层各样点的土壤水分特征曲线，求得样点持水曲线的相关参数。分析了各土壤水分参数和水力性能的分布特征及变异规律。

（3）基于已有布局和采样数据，利用区间估计理论确定了耕作层土壤各物理量的合理取样数目。

1.5　技术路线

本研究技术路线见图1-1。

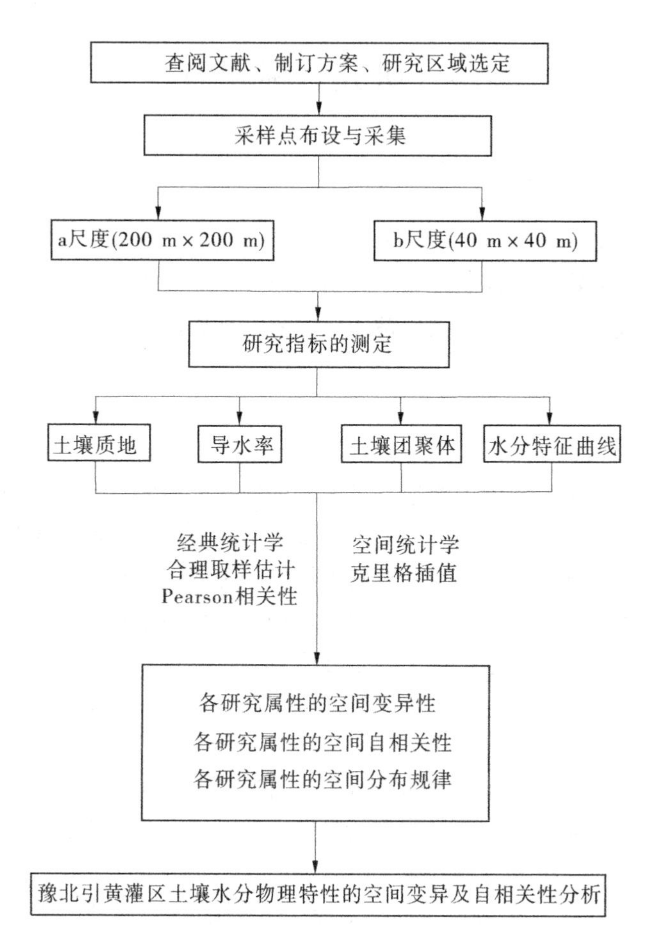
查阅文献、制订方案、研究区域选定
采样点布设与采集
a尺度(200 m×200 m)
b尺度(40 m×40 m)
研究指标的测定
土壤质地
导水率
土壤团聚体
水分特征曲线
经典统计学
合理取样估计
Pearson相关性
空间统计学
克里格插值
各研究属性的空间变异性
各研究属性的空间自相关性
各研究属性的空间分布规律
豫北引黄灌区土壤水分物理特性的空间变异及自相关性分析

图 1-1　技术路线

第 2 章　材料与方法

2.1　试验方案

2.1.1　研究区概况

试验样品采自豫北引黄灌区典型农田，研究区位于河南省新乡县七里营镇，地处黄淮海区中部偏西的引黄灌区，地理坐标为北纬 35°18′，东经 113°54′，属于暖温带大陆性季风气候，年平均气温 14 ℃，年平均降水量 656.3 mm，年蒸发量 1 748.4 mm。降水量以 6—9 月最多，为 409.7 mm，占全年降水量的 72%，其土壤以沙质土壤为主[31]。作物种植制度以夏玉米（6 月中旬至 9 月底）和冬小麦（10 月初至次年 6 月中旬）连作为主。

2.1.2　田间采样布置

从试验基地选取了一块长、宽均为 200 m 的试验样田，分别于 2021 年 1 月和 2021 年 3 月对其进行现场采样（见图 2-1），并带回实验室运用相关实验仪器对其进行物理指标测试。

采样点布置情况如图 2-2 所示，首先将整个田块均匀分成 25 个宽均为 40 m 的正方形样块，在其中心上布置取样点，这样的点共计 25 个，这是在较大尺度上的布点情况，主要是为了分析研究区各变量的整体空间变异情况。同时为了更清晰地认识该地区小尺度上具体的空间变异情况，又对其位于中心区域的正方形田块进行了再一次划分，并将其继续划分为 25 个长、宽均为 8 m 的小正方形块，同样在其中心布点取样，由于其中有一个取样点位置前后重复出现两次，所以在采样区共计得到 49 个采样点。

图 2-1　试验样田现场

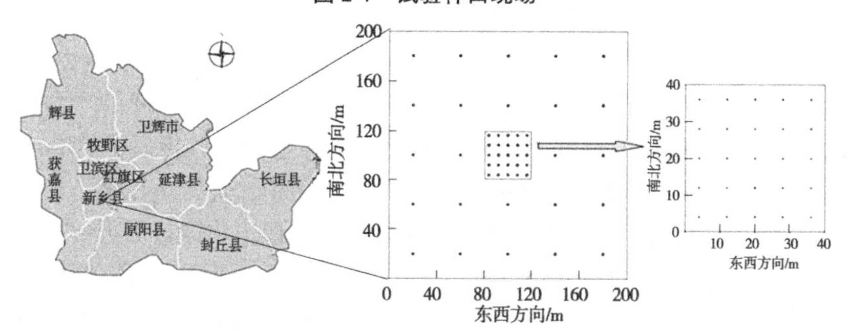

图 2-2　采样点布置

2.2　研究理论和方法

2.2.1　水分特征曲线经验模型

Van Genuchten 模型（简称 V-G 模型）由 Van Genuchten（1980）[78]提出，其一般数学表达式为：

$$S_e = \frac{\theta - \theta_r}{\theta_s - \theta_r} = \frac{1}{[1 + (\alpha/h)^n]^m} \tag{2-1}$$

式中　θ——土壤含水率，cm^3/cm^3；

θ_r——残余含水率，cm^3/cm^3；

θ_s——饱和含水率，cm^3/cm^3；

h——土壤水吸力，cm；

α——与土壤进气值有关的常量，cm^{-1}；

n、m——参数，与土壤水分特征曲线的形状有关，其中，$m=1-1/n$（$n>1$）。

2.2.2　经典统计学

在经典统计学中，主要是对数据进行正态分布检验以及描述性统计分析，从传统的数理方面分析研究对象在空间上的变异规律，其基本的数值特征有均值、标准差、变异系数、偏度及峰度等，通过分析探讨这些统计量的数值特征，进而揭示其研究变量的空间变异规律。

2.2.2.1　**位置的量度**

均值：常用均值一般为算术平均值，它主要反映的是研究总体的一般水平或分布的集中趋势，其一般表达式为：

$$\mu = \bar{x} = \frac{x_1 + x_2 + x_3 + \cdots + x_n}{n} = \frac{\sum_{i=1}^{n} x_i}{n} \tag{2-2}$$

式中，$\bar{x}$—— 一组样本的均值；

x_i（i=1，2，3，…，n）——样本数据中的第 i 个观测值，本研究中，即为各研究变量的测试值。

2.2.2.2　**分散的量度**

方差与标准差：样本观测数据的方差一般反映的是一组数据与数据之间的离散程度，以及数据在平均值周围的波动情况。一般地，方差和标准差越小，说明数据越集中、波动越小，数据比较稳定，反之观测数据就比较离散。

方差计算公式：

$$\sigma^2 = \frac{1}{n}\sum_{i=1}^{n}(x_i - \mu)^2 \tag{2-3}$$

标准差则为：

$$s = \sigma = \sqrt{\frac{1}{n}\sum_{i=1}^{n}(x_i - \mu)^2} \tag{2-4}$$

2.2.2.3　**形状的量度**

倾斜和变异系数：

倾斜系数一般是用以表征分布对称性好坏的统计量，其具体数值一般用以下式子来计算[86]：

$$C_s = \frac{\frac{1}{n}\sum_{i=1}^{n}(x_i - \mu)^3}{\sigma^3} \tag{2-5}$$

式中，C_s 即为倾斜系数，通常用 C_s 数值的正负号来刻画数据分布的对称性，因为正负表明了数据均值和中值的关系，当符号为正时，中值比均值小，说明数据中小于均值的数据个数较多；当符号为负时，与此相反。

变异系数 C_v 和倾斜系数一样，同为描述数据分布的形状，不过有一个限定条件，即数据都为正且 C_s 也为正时，其变异系数才可使用，否则是不满足适用条件的，计算式如下：

$$C_v = \frac{\sigma}{\mu} \tag{2-6}$$

式中　σ——标准差；

μ——均值。

一般地，当$C_v>1$时，表现为强变异性；当$0.1\leqslant C_v\leqslant 1$时，表现为中等变异性；而当$C_v<0.1$时，则为弱变异性[16-17]。但也有学者[9]定义，当$C_v\leqslant 0.3$时，为弱变异；当$0.3<C_v\leqslant 1$时，为中等变异；而当$C_v>1$时，为强变异。文献中较多采用第一种定义，所以本书也采用第一种表述。

2.2.2.4　**协方差与 Pearson 相关系数**

在经典统计学当中，协方差一般用来衡量两个变量总体的误差。而相关系数则是评价两个变量是否有线性关系的一种很有效的工具，其相关系数ρ的取值范围一般为［-1，1］，当取值的绝对值大小越接近于1时，两个变量就越显示出很好的线性关系。

协方差与 Pearson 相关系数计算式如下：

$$\mathrm{Cov}[X, Y] = C_{XY} = \frac{1}{n}\sum_{i=1}^{n}(x_i - \bar{x})(y_i - \bar{y}) \tag{2-7}$$

$$\rho = \frac{\mathrm{Cov}[X, Y]}{\sigma_x \sigma_y} \tag{2-8}$$

式中　σ_x，σ_y——变量X，Y的标准差。

2.2.3　空间统计学

由于在传统的经典统计学当中，一般假定样本是完全相互独立且与取样所在位置无关，而这种假定并不一定与实际相符，比如在野外采样时，近距离的观测值之间相似的可能性往往比远距离的高[86]，这就使得要更清楚地了解和揭示其研究变量内在的规律性则必须考虑到空间位置结构，这样就引出了空间统计学的概念。空间统计学所研究的变量在空间上或时间上并不一定满足经典统计学所要求的要完全随机和独立的条件，并且空间统计学除了研究经典统计学固有的一些统计量外，主要是计算变量的空间变异结构。在空间统计学分析中，这里主要是采用半方差函数和莫兰指数对数据空间变异的变异程度及范围和自相关性做一理论上的分析，同时通过拟合一些经典模型来选择出最优的半方差函数模型，使之能够较好地阐释数据的分布特征，以此进行克里格插值对未测点的物理量进行最优估计，并插值绘制出平面等值线图。

2.2.3.1 变异函数与理论模型

1. 半方差函数

空间统计学是以区域化变量和随机函数为基础，以半方差函数为基本工具的一种统计方法[17]，在固有假定条件下，其样本空间变异函数为：

$$\gamma(h) = \frac{1}{2N_h}\sum_{i=1}^{N_h}[Z(x_i + h) - Z(x_i)] \tag{2-9}$$

同时还有如下关系式：

$$\gamma(h) = \sigma^2[1 - \rho(h)] \tag{2-10}$$

其中

$$\sigma^2 = \mathrm{Var}[Z(x)] \tag{2-11}$$

式中 h——分离距离；

N_h——分离距离为 h 时的样本对数；

$Z(x_i)$——随机变量 Z 在空间位置 x_i 上的观测值；

$Z(x_i+h)$——随机变量 Z 在空间位置 x_i+h 上的观测值；

$\rho(h)$——相关系数。

2. 半方差函数模型

现常用且有效的基本变异理论函数模型有球形模型、指数模型、线性模型以及高斯模型，其表达式分别如下[86]：

球形模型

$$\gamma(h) = \begin{cases} C_0 + C_1\left[1.5\left(\dfrac{h}{a}\right) - 0.5\left(\dfrac{h}{a}\right)^3\right], & 0 \leqslant h \leqslant a \\ C_0 + C_1, & h > a \end{cases} \tag{2-12}$$

式中 a——该模型的变程。

指数模型

$$\gamma(h)=\begin{cases}C_0,\ h=0\\ C_0+C_1\left[1-\exp\left(-\dfrac{h}{a}\right)\right],\ h>0\end{cases}\tag{2-13}$$

模型的有效变程为 $3a$。

幂函数模型

$$\gamma(h)=C_0+C_1h^{\lambda},\ 0<\lambda<2$$

当 $\lambda=1$ 时，就是常用的线性模型

$$\gamma(h)=\begin{cases}C_0, & h=0\\ C_0+C_1h, & h>0\end{cases}\tag{2-14}$$

模型无有效变程。

高斯模型

$$\gamma(h)=\begin{cases}C_0, & h=0\\ C_0+C_1\left[1-e^{-(h/a)^2}\right], & h>0\end{cases}\tag{2-15}$$

高斯模型的有效变程为 $\sqrt{3}a$。

式中　a——模型的变程（最大相关距离）；

C_0——块金值；

C_1——偏基台值，C_0+C_1 为基台值。

块金值 C_0 反映的是由随机因素所导致的空间变异程度，C_1 则反映的是空间自相关性引起的变异程度；基台值（C_0+C_1）反映区域化变量在研究范围内总的空间变异程度；通常称 $C_0/(C_0+C_1)$（块金值与基台值的比值）为空间相关度（DSD），主要描述的是变量的空间依赖性，$C_0/(C_0+C_1)$ 越小则表明空间变异主要依赖于空间自相关因素，一般定义当 $C_0/(C_0+C_1)<0.25$ 时，表明变异对空间具有强度依赖性；当 $0.25\leq C_0/(C_0+C_1)\leq 0.75$ 时，为中等空间依赖性；当 $0.75<C_0/(C_0+C_1)$ 时，为弱空间依赖性，其中当 $C_0/(C_0+C_1)=1$ 时，即为纯块金模型，区域化变量在空间上的分布则为随机分布[6,15,26,87]。

2.2.3.2　Moran's I 指数

判定变量是否具有空间自相关的 Moran's I 指数[88]：

$$I=\frac{n\sum_{i=1}^{n}\sum_{j=1}^{n}\omega_{ij}(x_i-\bar{x})(x_j-\bar{x})}{\left(\sum_{i=1}^{n}\sum_{j=1}^{n}\omega_{ij}\right)\sum_{i=1}^{n}(x_i-\bar{x})^2} \tag{2-16}$$

I 的检验统计量，即期望值 $Z(I)$ 为

$$Z(I)=\frac{I-E(I)}{\sqrt{\mathrm{Var}(I)}} \tag{2-17}$$

式中 $E(I)=\frac{-1}{n-1}$；

x_i，x_j——变量在相邻配对空间点上的取值；

ω_{ij}——相邻权重。

$-1\leqslant I\leqslant 1$，当 $I=0$ 时代表变量在空间上完全无关，呈随机性变化，当 $I>0$ 时为正相关，而 $I<0$ 时为负相关[27]。一般地，在进行空间自相关分析时可以通过计算不同滞后距（h）上的自相关系数并绘制其 h 展点图，以揭示目标变量的空间结构特征。在本研究中所指即为增量空间自相关分析[89]。

空间自相关分析是生态学领域中常用的分析方法，主要用于检验某一变量在空间上是否存在空间依赖关系并对这种依赖程度的大小进行有效的评估。若该变量在空间上的统计特征值随着测定距离的缩小而变得越来越一致，则认为变量在其分布的空间上具有正相关性特征；若变量的值随测定距离的缩小而有一致相反的趋势，则认为其具有空间负相关；若所测值不表现任何有相似或相反的数据特征，则认为此变量在空间上没有相关性，呈随机性分布[89]。

Moran's I 指数作为一种空间自相关性判定指标，其在空间统计学分析中较广泛，其值和一般意义上的相关系数值完全一致，介于-1 与 1 之间。当 $-1\leqslant I<0$ 时，其变量在空间上呈趋异性分布[见图 2-3(b)]，也就是说，研究变量在空间上具有负相关性；而当 $0<I\leqslant 1$ 时，成聚类分布[见图 2-3(d)]，即变量在空间上具有正相关性；$I=0$ 时则为纯随机分布[见图 2-3(c)]，无相关性。因此这里采用 ArcGIS 中的空间统计工具对其研究的各个变量分别进行全局自相关分析，生成

空间自相关报表[见图 2-3(a)]。

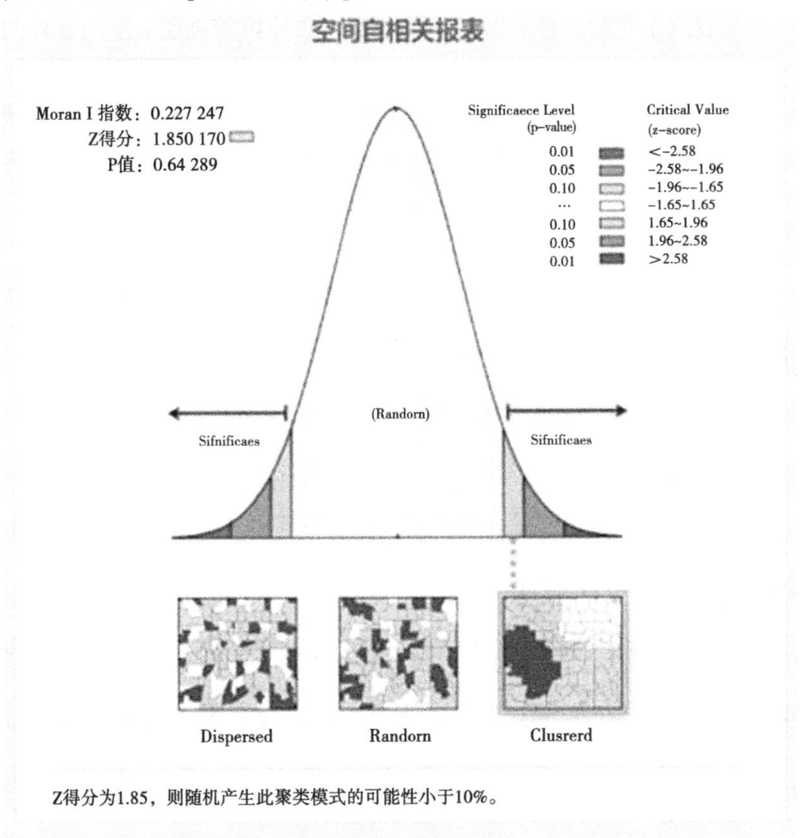

(a) 空间自相关报表

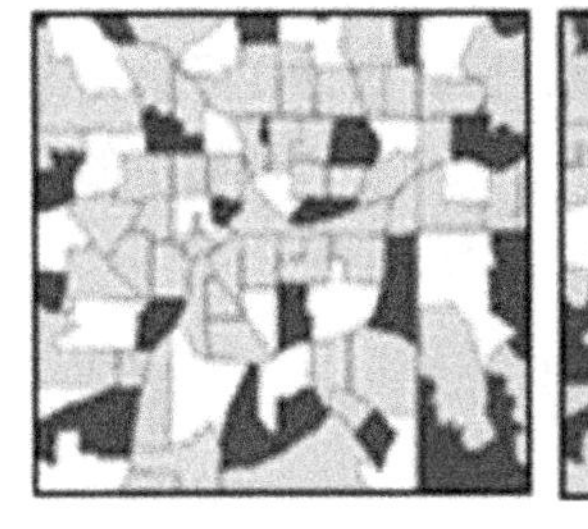

(b) $-1 \leq I < 0$

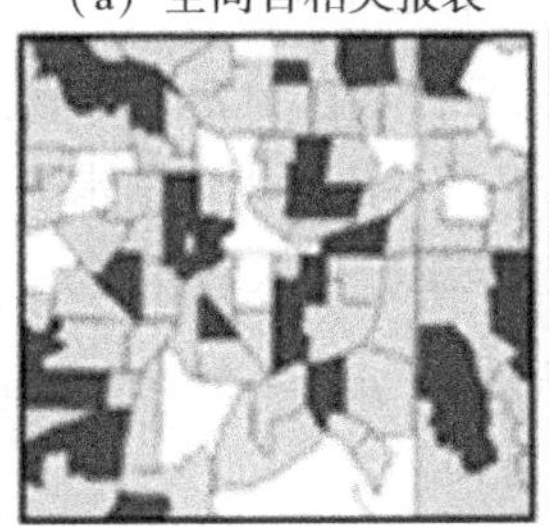

(c) $I=0$

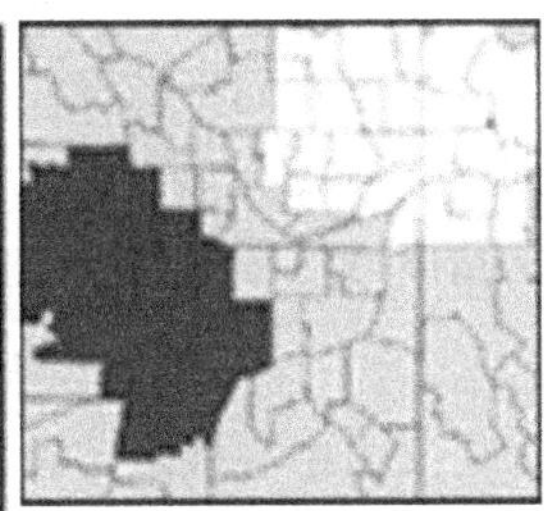

(d) $0 < I \leq 1$

图 2-3　自相关示意图

2.2.3.3 克里格插值法

一般由于实验条件和时间的局限性，在分析随机变量空间变异的时候，不能对研究的所有区域进行高密度的采样取点，只能通过部分已知观测点的数值对未知的区域进行估计，以此了解变量在研究区域上的分布情况。对于这一种估计方法，一般要求是无偏性的，而克里格估值方法就是一种很好的线性无偏估计的方法[86]。

普通克里格法的估计公式为：

$$Z(x_0)=\sum_{i=1}^{n}\lambda_i Z(x_i) \tag{2-18}$$

式中 $Z(x_0)$——估计值；

$Z(x_i)$——实地有效观测值，$i=1,2,3,\cdots,n$；

$\lambda_i(\sum_{i=1}^{n}\lambda_i=1)$——实测值估计某值时所占的权重系数。

系数的大小反映的是实测值 $Z(x_i)$ 对估计值 $Z(x_0)$ 影响的大小。

2.2.4 合理取样估计

由莱维-林德伯格中心极限定理可知，若变量 $\{\xi_n\}$ 为相互独立、同分布的随机变量，则当 n 充分大时，其$\frac{1}{n}\sum_{k=1}^{n}\xi_k$ 近似服从正态分布 $N(\mu,\frac{\sigma^2}{n})$。由此可知，当对其某一研究变量进行田间采样且采样数目足够多时，中心极限定理成立[90-91]。

这里我们不妨设$\bar{x}$ 为采样数目为 n 的均值，而 μ 则为变量总体的期望，取 α 为显著性水平，$1-\alpha$ 即为置信水平，故对于一般给定的某一精度 Δ（一般地会令 $\Delta=k\mu$，代入计算式），即有：

$$P(|\bar{x}-\mu|\leqslant\Delta)=1-\alpha \tag{2-19}$$

又由中心极限定理可知：

$$\frac{\bar{x}-\mu}{\sigma/\sqrt{n}}\xrightarrow{L}N(0,\ 1),\ (n\to\infty) \tag{2-20}$$

由于 σ 未知，故这里不能用上式计算所要的结果，为此用σ^2 的无偏估计量S^{*2} 代替。由统计学相关推论，可取

$$\frac{\bar{x}-\mu}{S^{*}/\sqrt{n}}=\frac{\bar{x}-\mu}{S/\sqrt{n-1}}=t \sim t(n-1) \tag{2-21}$$

式中　S——样本方差，其定义式为：$\frac{1}{n}\sum_{1}^{n}(x_i-\bar{x})^2 \underline{\underline{\Delta}} S^2$；

S^{*}——修正样本方差，其有 $\frac{1}{n-1}\sum_{1}^{n}(x_i-\bar{x})^2 \underline{\underline{\Delta}} S^{*2}$。

所以：

$$P(|\bar{x}-\mu| \leqslant \Delta)=1-\alpha \tag{2-22}$$

就有

$$P\left(\left|\frac{\bar{x}-\mu}{S/\sqrt{n-1}}\right| \leqslant \frac{\Delta}{S/\sqrt{n-1}}\right)=1-\alpha \tag{2-23}$$

又

$$P\left(\left|\frac{\bar{x}-\mu}{S/\sqrt{n-1}}\right| \leqslant t_{1-\alpha/2}(n-1)\right)=1-\alpha \tag{2-24}$$

故

$$\frac{\Delta}{S/\sqrt{n-1}}=t_{1-\alpha/2}(n-1) \tag{2-25}$$

令

$$t_{1-\alpha/2}(n-1)=\lambda_{\alpha,f} \tag{2-26}$$

式中　$\lambda_{\alpha,f}$——t 分布的分位数；

α——显著性水平值；

f——自由度，这里 $f=n-1$。

则有

$$n=\lambda_{\alpha,f}^{2}\left(\frac{S}{\Delta}\right)^{2} \tag{2-27}$$

当用样本均值 $\bar{x}$ 近似代替总体均值时，则有

$$n = \lambda_{\alpha, f}^{2} \left(\frac{C_{v}}{k} \right)^{2} \tag{2-28}$$

由式（2-28）即可得到不同C_v（变异系数）、不同置信水平以及不同偏差 k 下所需的合理采样数目 n。

2.3　测定项目及方法

2.3.1　土壤粒级含量

为了分析试验区土壤各粒级含量的分布情况，将其耕作层土壤做0~10 cm、20~30 cm、40~50 cm 三层划分，分别对其进行采样，并将其土样带回实验室进行风干过筛，最后采用型号为 BT-9300H 的激光粒度分布仪对其颗粒粒径的频率分布以及累计百分含量进行测量，从而计算出不同粒级土壤颗粒的百分含量。其试验装置如图 2-4 所示。

图 2-4　BT-9300H 激光粒度分布仪

2.3.2　密度与饱和导水率

土壤密度及饱和导水率分别采用烘干法和变水头法进行测定。由于深度 0~10 cm 的土壤人为扰动影响因素较大，若以其为原状土进行采样分析可能与实际情况不符，故这里只对 20 cm 以下的两个土层分别做土壤密度以及导水率的分析。其饱和导水率测定所用仪器选用 TST-55 型渗透仪，试验装置构造如图 2-5 所示。

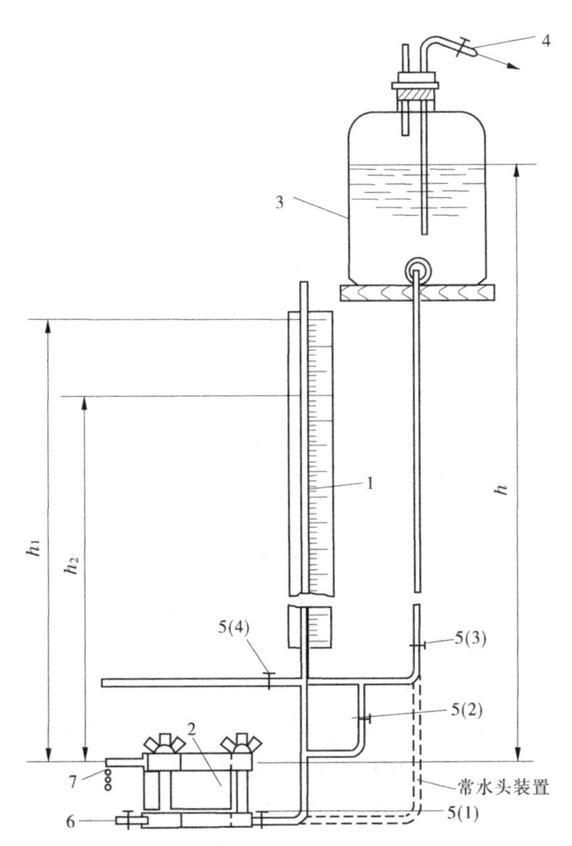

1—变水头管；2—渗透容器；3—供水瓶；4—接水源管；
5—进水管夹；6—排气管；7—出水管。

图 2-5　变水头试验装置示意图

饱和导水率的计算公式：

$$K_s = 2.3\frac{aL}{At}\lg\frac{h_1}{h_2} \tag{2-29}$$

式中　a——变水头管横截面面积，cm^2；

L——渗径，等于试样高度，cm；

h_1——开始时水头，cm；

h_2——终止时水头，cm；

A——试样的断面面积，cm^2；

t——时间，s。

2.3.3 水稳定性团聚体

土壤团聚体是指土壤中大小、形状不一、具有不同孔隙度和机械稳定性及水稳定性的结构单位。通常将粒径 $d>0.25$ mm 的结构单位称为大团聚体，而 $d<0.25$ mm 的则被称之为微团聚体。大团聚体又被分为水稳定和非水稳定两种。

对土壤团聚体的取样，主要是在其团聚体的稳定性及自身结构不被破坏的情况下进行的。在取样时，为了尽量使土壤不会产生大面积的破碎，以每层深度 20 cm 将耕作层做 0~20 cm 和 20~40 cm 两层划分，并对其进行了采样。

土壤水稳定性团聚体的组成一般采用湿筛法进行测定。其操作过程首先是将采集的土样带回实验室后，按其自然纹理结构剥成直径 10~12 mm 的小样块，然后放置在通风干燥处 3~4 d。待其风干后，用天平称取 1 000 g 风干土样，然后放置于电动套筛（XY-100）中（孔径由上至下依次为 10 mm、7 mm、5 mm、3 mm、2 mm、1 mm、0.5 mm、0.25 mm），以最大频率筛分 3 min 后称重并计算各级干筛团聚体的百分含量。然后按其各级团聚体的百分比配成 3 份质量均为 50 g 的土样，其中两份做重复计算用，另一份作为备份。

将备好的湿筛样品倒入团聚体分析仪套筛（孔径由上至下依次为 5 mm、3 mm、2 mm、1 mm、0.5 mm、0.25 mm）的最上端筛子内，并将其轻轻放置于水桶中进行电动振荡 30 min，之后轻轻拿出套筛，将留在各级筛子上的团聚体用细水流洗入蒸发皿中，待澄清后倒去上层清液，加热蒸干后称量，计算水稳性团聚体组成。

2.3.4 土壤水分特征曲线

土壤水分特征曲线的测定采用经典的压力膜仪法，测定仪器选用美国 SEC 产品，其采用的主要型号为 1600F1 和 1500F2，第一种型号的仪器主要用于测定土壤水吸力为 0~5 bar 范围内的土壤含水率。第二种型号的仪器测定范围为0~15 bar，在本试验中主要用于测定土壤水吸力高于5 bar的土壤含水率。其装置如图2-6所示。由于采用压力膜仪测定土壤水分特征曲线十分耗时，短期内无法对多样点的土样进行测定，故这里只对位于耕作层20~30 cm的土样做了土壤水分特征曲线的测定，并基于土水势与土壤含水率的关系计算出了饱和含水率（θ_s）、田间持水量（θ）以及凋萎系数（θ_r）等水分常数。

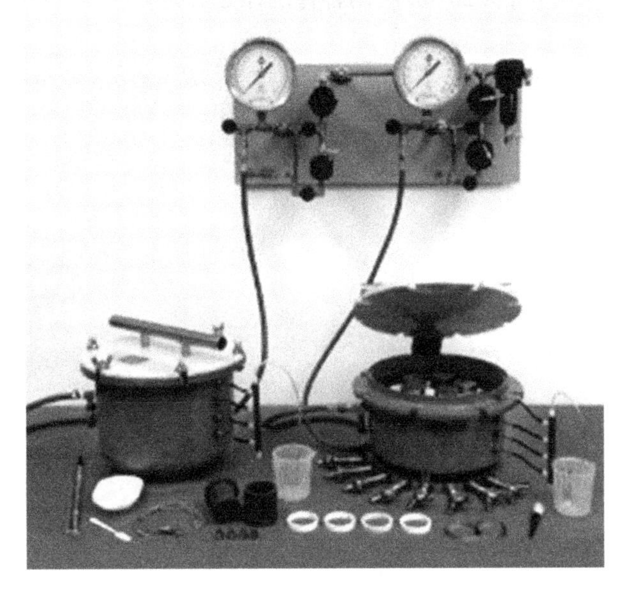

图2-6 压力膜仪装置

2.4 数据处理

（1）采用Excel 2016与spss 26.0软件对采样数据进行初步的统计分析描述。

（2）借助ArcGIS软件中的地统计学模块对所要研究的对象建立空间变异函数模型，从而分析各自空间分布的随机性和结构性。模块分析主要步骤包括：

①正态性检验（K–S）、趋势分析、各向异性检验等。

②半方差模型的计算和筛选。

③运用空间统计工具对其研究变量在空间上的自相关性进行分析和阐述。

④采用克里格插值法对未测点的物理量进行最优估计，并插值绘制出平面等值线图。

（3）采用 origin 2019b 绘制各种统计分析图。

第 3 章　土壤粒级属性与密度的空间变异及自相关分析

自然界的土壤并不只是单一粒级的矿物颗粒组成的，而是由许多不同粒径的土壤颗粒组成的，由于其粒径大小不同，其组成和性质也相应有所变化，为了方便研究并揭示土壤性质的规律，前人将颗粒成分和性质表现较为一致的归在一起称之为粒级。粒级划分有多种形式，在不同的标准下，一般被划分为黏粒、粉粒、沙粒三个等级，本书采用较为广泛认同的国际制对研究区的土壤的粒级组成进行划分，分别为黏粒（<0.002 mm）、粉粒（0.02～0.002 mm）、沙粒（2～0.02 mm）[1]。

土壤颗粒分布作为表征土壤质地和结构的基本属性，一般会影响到土壤的理化性质和生物活动过程，故被视为土壤研究中的基础[92-93]。本章内容是基于田间不同采样尺度，结合经典统计学和空间统计学理论对区域土壤各粒级含量在空间上的分布特征进行分析和探讨，旨在阐明研究区土壤颗粒的空间变异性及相关性和分布规律，为本地区正在进行的精准化灌溉和农田智慧化的实现提供合理的参考。

3.1　变量的表述性统计

3.1.1　土壤粒级属性的描述统计分析

通过对试验数据的整理分析，得到土壤粒级属性及密度的统计分析结果（见表 3-1）。由表 3-1 可知，在 200 m×200 m 的整块田间尺度上采样的情况下，该试验区 0～50 cm 内的土壤粒级组成均以粉粒含量最多，沙粒次之，黏粒最少，其含量占比分别介于 42.72%～57.79%、18.75%～41.76%和 14.65%～23.83%，说明该地区粒径在

表 3-1　不同深度土壤各粒级含量及密度的描述统计

变量	土层分布/cm	最小值	最大值	平均值	中位数	标准偏差	变异系数/%	偏度	峰度	数据转化类型	K-S 检验 p 值	分布类型
a(200 m×200 m)												
黏粒/%	0~10	14. 93	19. 35	16. 89	16. 91	1. 28	7. 58	0. 03	-1. 15	无	0. 866	正态
	20~30	14. 65	21. 46	17. 85	17. 83	1. 43	8. 03	0. 19	0. 64	无	0. 715	正态
	40~50	15. 45	23. 83	20. 29	20. 05	2. 15	10. 61	-0. 30	-0. 35	无	0. 965	正态
粉粒/%	0~10	49. 30	55. 91	53. 69	54. 31	1. 76	3. 28	-0. 96	0. 11	无	0. 224	左偏
	20~30	46. 73	57. 79	52. 26	52. 32	2. 93	5. 61	-0. 10	-0. 75	无	0. 871	正态
	40~50	42. 72	57. 75	51. 34	52. 24	4. 33	8. 43	-0. 36	-0. 60	无	0. 822	正态
沙粒/%	0~10	26. 80	35. 65	29. 46	28. 53	2. 47	8. 35	1. 05	0. 33	无	0. 413	正态
	20~30	23. 37	36. 88	29. 89	29. 53	3. 33	11. 14	0. 10	-0. 11	无	0. 998	正态
	40~50	18. 75	41. 76	28. 39	27. 99	6. 29	22. 11	0. 42	-0. 50	无	0. 993	正态
密度/(g/cm^3)	20~30	1. 17	1. 75	1. 53	1. 55	0. 12	8. 09	-0. 90	1. 87	无	0. 705	正态
	40~50	1. 35	1. 73	1. 54	1. 55	0. 90	5. 78	-0. 06	0. 34	无	0. 318	正态

续表 3-1

变量	土层分布/cm	最小值	最大值	平均值	中位数	标准偏差	变异系数/%	偏度	峰度	数据转化类型	K-S 检验 p 值	分布类型
b(40 m×40 m)												
黏粒/%	0~10	16. 84	18. 99	17. 98	18. 19	0. 66	3. 66	-0. 14	-1. 38	无	0. 639	正态
	20~30	16. 06	23. 18	18. 80	19. 03	1. 58	8. 40	0. 57	1. 18	无	0. 995	正态
	40~50	15. 06	24. 23	19. 87	19. 94	2. 26	11. 35	-0. 22	0. 34	无	0. 942	正态
粉粒/%	0~10	41. 47	54. 12	47. 03	46. 79	3. 08	6. 55	0. 29	0. 44	无	0. 463	正态
	20~30	40. 26	51. 92	45. 88	45. 27	3. 30	7. 19	0. 27	-1. 03	无	0. 625	正态
	40~50	41. 78	57. 42	48. 00	48. 02	3. 66	7. 61	0. 67	0. 88	无	0. 938	正态
沙粒/%	0~10	28. 22	41. 21	34. 98	34. 93	3. 37	9. 64	-0. 04	-0. 18	无	0. 981	正态
	20~30	27. 57	41. 76	35. 32	36. 38	3. 99	11. 29	-0. 32	-0. 84	无	0. 787	正态
	40~50	18. 75	43. 16	32. 12	31. 72	5. 54	17. 26	-0. 32	0. 81	无	0. 606	正态
密度/(g/cm^3)	20~30	1. 31	1. 68	1. 56	1. 56	0. 08	5. 27	-1. 14	2. 29	无	0. 198	左偏
	40~50	1. 37	1. 54	1. 47	1. 47	0. 05	3. 23	-0. 40	-0. 37	无	0. 767	正态

续表 3-1

变量	土层分布/cm	最小值	最大值	平均值	中位数	标准偏差	变异系数/%	偏度	峰度	数据转化类型	K-S 检验 p 值	分布类型
c(200 m×200 m ∪ 40 m×40 m)												
黏粒/%	0~10	14.93	19.35	17.43	17.60	1.15	6.60	-0.66	-0.41	无	0.387	正态
	20~30	14.65	23.18	18.33	18.45	1.57	8.55	0.43	0.91	无	0.976	正态
	40~50	15.06	24.23	20.08	19.98	2.19	10.91	-0.26	-0.10	无	0.975	正态
粉粒/%	0~10	41.47	55.91	50.35	51.25	4.17	8.28	-0.43	-0.97	无	0.270	正态
	20~30	40.26	57.79	49.07	49.18	4.46	9.10	-0.09	-0.91	无	0.833	正态
	40~50	41.78	57.75	49.67	49.17	4.31	8.67	0.19	-0.72	无	0.796	正态
沙粒/%	0~10	26.80	41.21	32.22	31.91	4.04	12.54	0.44	-0.75	Ln	0.458	对数正态
	20~30	23.37	41.76	32.61	32.00	4.56	13.97	0.13	-0.76	无	0.720	正态
	40~50	18.75	43.16	30.26	31.13	6.16	20.35	-0.01	-0.48	无	0.883	正态
密度/(g/cm^3)	20~30	1.17	1.75	1.55	1.56	0.10	6.78	-1.09	2.52	无	0.125	左偏
	40~50	1.35	1.73	1.50	1.50	0.08	5.28	0.55	0.69	无	0.740	正态

0.002～0.02 mm 的土壤颗粒是土壤组成中的主要成分。另外，通过观察不同土层各粒级土粒含量的平均值及中位数分布，可以看出其研究区域内的土壤质地多为粉沙质黏壤土，但在地表 0～30 cm 浅层土壤以及 40～50 cm 的较深土层土壤还有部分零星区域为粉沙质壤土和黏壤土。而在中心区域 40 m×40 m 的采样情况下，土壤质地也主要为粉沙质黏壤土，其中黏粒、粉粒、沙粒的含量变化情况与整块田间尺度上所反映的情况基本一致。

变异系数是衡量变量变异程度的主要参数，表 3-1 反映出在取样尺度为 a 的情况下，各土层粒级的累计百分含量在空间上的变异程度大多小于 10%，呈现为弱变异的特征，只有 20～50 cm 土层内的沙粒和 40～50 cm 土层的黏粒表现为中等变异，但两者的变异系数都只是略大于 10%而已，故也可认为其为弱中等变异，说明土壤级配各成分含量在空间上的均质性较好。

当取样尺度为中心区 40 m×40 m 的范围时，其各变量在空间上的变异程度与 a 尺度下的结果基本一致，前面表现为弱变异特征的依然还是弱变异，中等变异程度不强的依然表现为不强。尽管有此现象，但是其各变量的变异系数相对于较大尺度上的变异情况而言并没有相互一致的减弱或者增强趋势，没有统一的规律。

而在两尺度合并为 c 的情况下，变异系数在两尺度结果上有普遍取大的倾向，其具体表现为变异系数值一般大于且接近于两个尺度中较大的那个值。

统计学中的偏度、峰度反映的是该数据集的分布与标准正态分布之间的关系，经 K-S 检验表明，各尺度下，绝大部分变量的分布类型为正态分布，仅有个别变量表现出一定的左偏倾向且也并不符合对数正态分布。一般地，由于变量不呈正态分布将会导致变异函数拟合与插值过程中误差的增大，但当偏度系数较低的时候，仍可将它们看作正态分布类型进行空间统计学分析[90]。这里仅以 a 尺度为例绘制各变量数据分布的箱形图+正态曲线图（见图 3-1），图中可直观地看出各变量数据分布都表现出较好的正态性，故后面均可运用空间统计学对其各组数据进行半变异函数分析。

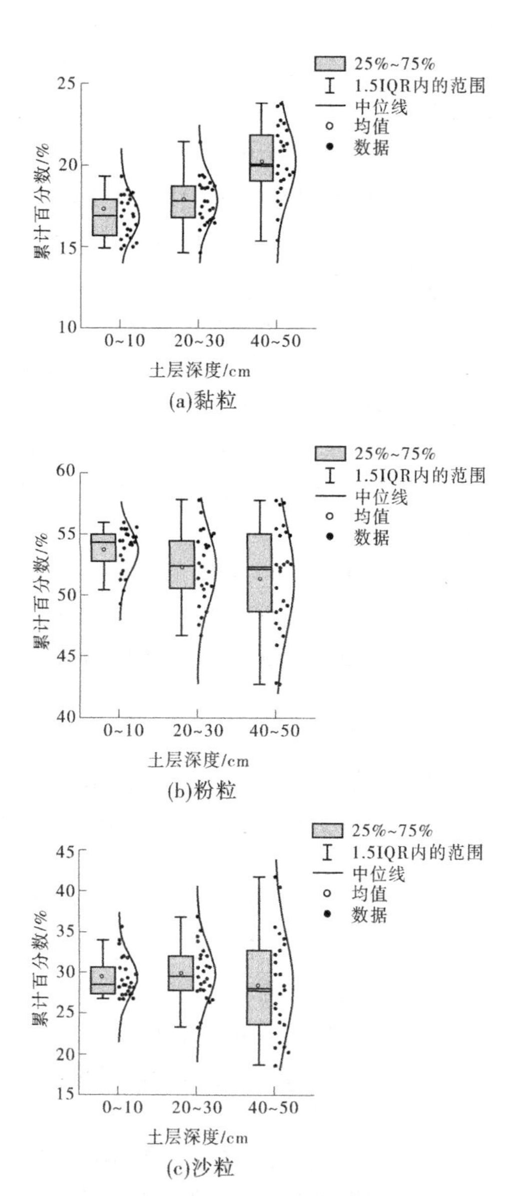

(a)黏粒

(b)粉粒

(c)沙粒

图 3-1　土壤各粒级含量分布

3.1.2　土壤密度的描述统计分析

由表3-1可知，在田间取样为a尺度时，浅层20~30 cm的土壤密度介于1.17~1.75 g/cm^3，40~50 cm的土壤密度则是介于1.35~1.73 g/cm^3，其均值分别为1.53 g/cm^{3}和1.54 g/cm^3，中位数均为1.55 g/cm^3，说明两个土层土壤密度差异并不十分显著。

在b尺度上，上层土壤密度的范围为1.31~1.68 g/cm^3，40~50 cm的土壤密度则是介于1.37~1.54 g/cm^3，其最大值与最小值的极差均在a尺度上缩小了一半左右。这也反映出空间分布在近距离上是有一些相似特征的。另外，a尺度所表现出来的总体特征掩盖掉b尺度上局部区域的差异，正如在a尺度统计的情况下得出两个土层土壤密度差异并不十分显著，因为其各自的平均值和中位数都几乎完全一致。但将尺度缩小至原有的1/25后，两层土壤密度的均值和中位数则均表现出了较大的差异性，其小区域性的空间分布特征被表现了出来，从统计学的角度来看，这主要是因为所用的数据特征是被均质化以后所得到的，故不能很好地揭示局部特征。

同时，表中的变异系数表明，三个尺度下的密度变异系数都小于10%，均表现为弱变异，但a尺度上的变异系数明显大于b尺度，说明对于反映土壤结构和密实度的土壤密度而言，其空间变异性随取样面积的增大而有所增强，这与前面的级配属性略有不同。在分析尺度为c的情况下，变异系数值均接近于较大尺度上的变异系数值，这与前述结论是一致的。以上结果反映出了一个基本的规律，那就是在对不同采样尺度（面积）下的样本点进行合并分析时，其空间变异结果接近于大尺度所反映的情况。

另外，由表3-1还可明显看出浅层土壤密度的变异系数都略大于下层土壤，这主要是由于浅层土壤较下层土壤更容易受到外界因素的影响，其空间结构更容易被扰动，从而改变其最原始自然力对其的分布作用，比如自然界的水分、光照、温度等，而人为活动有耕作、施肥、灌溉等。

各尺度下土壤密度分布都较集中，离散性不强，且具有良好的正态性，图 3-2 中的箱形图+正态曲线也呈现出了这一数据特征。这也反映出了土壤密度在空间分布上较均衡，差异不明显。

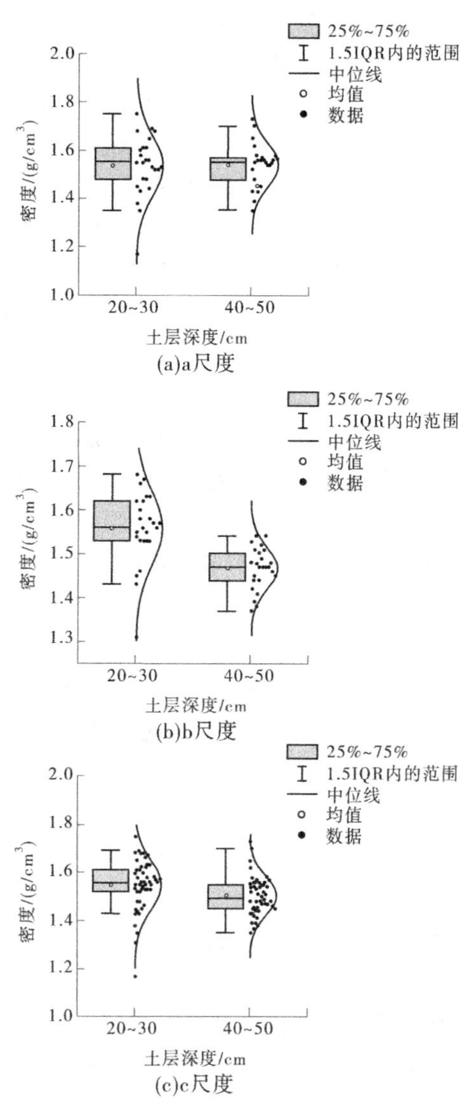

(a)a尺度

(b)b尺度

(c)c尺度

图 3-2　土壤密度数据分布

3.2　空间统计学分析

3.2.1　变异函数分析

为研究目标区域内土壤粒级属性的空间变异规律，采用 ArcGIS 中的地统计模块对其各区域化变量进行半变异函数分析，其半变异函数模型及相关参数值和交叉验证统计结果见表 3-2，各变量的半方差函数图见图 3-3～图 3-6（仅以 a 尺度为例）。通过交叉验证数据的比较，拟合半变异函数的最优模型多为高斯模型和球面模型。由表 3-2 中数据的分布可知，在 3 个分析尺度下，基台值（C_0+C_1）随土层深度和粒径的增大均有相应的增大趋势，其中沙粒的增加幅度较为明显，说明沙粒的空间变异程度较强。

表中空间异质比反映的是空间的依赖程度，其值越小表明空间变异由空间自相关因素所导致就越强；反之，随机因素则占主导作用。由表 3-2 的数据可知，在尺度为 a 的情况下，除 20～30 cm 土层的粉粒变量外，其他变量的偏基台值都是大于块金值的，说明在该分析尺度下，引起土壤粒级属性空间变异的主要影响因素是由空间自相关引起的。具体结果表现为：该区域除 20～30 cm、40～50 cm 内的粉粒以及 40～50 cm 的沙粒为中等空间依赖性，DSD 分别为 61.65%、29.17%和 42.42%外，其他粒级属性则均表现为强空间依赖性，其 DSD 均介于 0～0.25。而在 b 分析尺度上，情况与 a 尺度有很大的不同，具体表现为除 0～10 cm 的黏粒、粉粒、沙粒以及 20～30 cm 的黏粒变量外，其他粒级属性变量的偏基台值均为 0。此现象说明在该分析尺度下，土壤粒级属性空间的分布主要呈现出随机分布的特征，无空间自相关关系。从空间的相关度 DSD 可以看出，除呈现完全随机的变量在空间关系上表现为无空间依赖性外，土层 20～30 cm 的黏粒呈现中等空间依赖性，而其他变量在空间上均表现为强的空间依赖关系。当分析尺度为 c 时，其空间的相关度与前述两个分析尺度均有不同，原有尺度上的空间依赖关系发生一些变化，其主要表现为大多变量在空间上呈现中等的空间依赖性。

表 3-2　研究区级配属性的半方差函数分析和交叉验证统计

变量	土层分布/cm	模型	块金值 $C_0/10^{-4}$	偏基台值 $C_1/10^{-4}$	DSD[$C_0/(C_0+C_1)$]/%	变程/m	交叉验证统计	
							平均标准误差 MSE/10^{-2}	均方根误差 RMSE/10^{-2}
a(200 m×200 m)								
黏粒	0~10	高斯	0.022	1.988	1.11	78.46	0.973	0.920
	20~30	指数	0.000	2.335	0.00	78.46	1.465	1.358
	40~50	球面	1.085	4.502	19.42	86.73	2.124	2.077
粉粒	0~10	球面	0.737	2.712	21.37	94.67	1.625	1.631
	20~30	高斯	5.916	3.680	61.65	89.01	2.971	2.924
	40~50	球面	5.973	14.502	29.17	90.45	4.137	4.173
沙粒	0~10	球面	0.717	6.764	9.59	94.30	2.268	2.267
	20~30	球面	0.000	12.707	0.00	88.80	2.899	2.833
	40~50	高斯	19.876	26.979	42.42	86.61	6.100	6.081

续表 3-2

变量	土层分布/cm	模型	块金值 $C_0/10^{-4}$	偏基台值 $C_1/10^{-4}$	DSD$[C_0/(C_0+C_1)]$/%	变程/m	交叉验证统计	
							平均标准误差 MSE/10^{-2}	均方根误差 RMSE/10^{-2}
b(40 m×40 m)								
黏粒	0~10	球面	0.075	0.385	16.34	16.28	0.619	0.565
	20~30	球面	1.426	1.107	56.30	15.52	1.616	1.680
	40~50	块金	5.087	0.000	100.00	0.00	2.344	2.080
粉粒	0~10	球面	2.730	9.107	23.06	16.28	3.204	2.987
	20~30	块金	10.883	0.000	100.00	0.00	3.428	3.420
	40~50	块金	13.361	0.000	100.00	0.00	3.798	3.798
沙粒	0~10	球面	0.390	13.835	2.74	16.28	3.272	2.953
	20~30	块金	15.911	0.000	100.00	0.00	4.145	4.224
	40~50	块金	30.742	0.000	100.00	0.00	5.762	5.613

续表 3-2

变量	土层分布/cm	模型	块金值 $C_0/10^{-4}$	偏基台值 $C_1/10^{-4}$	DSD[$C_0/(C_0+C_1)$]/%	变程/m	交叉验证统计	
							平均标准误差 MSE/10^{-2}	均方根误差 RMSE/10^{-2}
c(200 m×200 m∪40 m×40 m)								
黏粒	0~10	高斯	0. 328	1. 628	16. 75	97. 21	0. 787	0. 845
	20~30	高斯	1. 996	0. 510	79. 64	16. 28	1. 658	1. 454
	40~50	块金	4. 603	0. 000	100. 00	0. 00	2. 215	2. 059
粉粒	0~10	高斯	8. 931	15. 410	36. 69	96. 95	3. 602	2. 753
	20~30	高斯	10. 132	18. 182	35. 78	106. 32	3. 774	3. 381
	40~50	高斯	13. 590	7. 220	65. 31	112. 78	4. 028	3. 973
沙粒	0~10	高斯	0. 009	0. 012	43. 20	86. 13	3. 642	3. 116
	20~30	高斯	15. 500	10. 890	58. 74	103. 36	4. 394	3. 716
	40~50	高斯	30. 578	9. 303	76. 67	104. 27	5. 950	5. 754

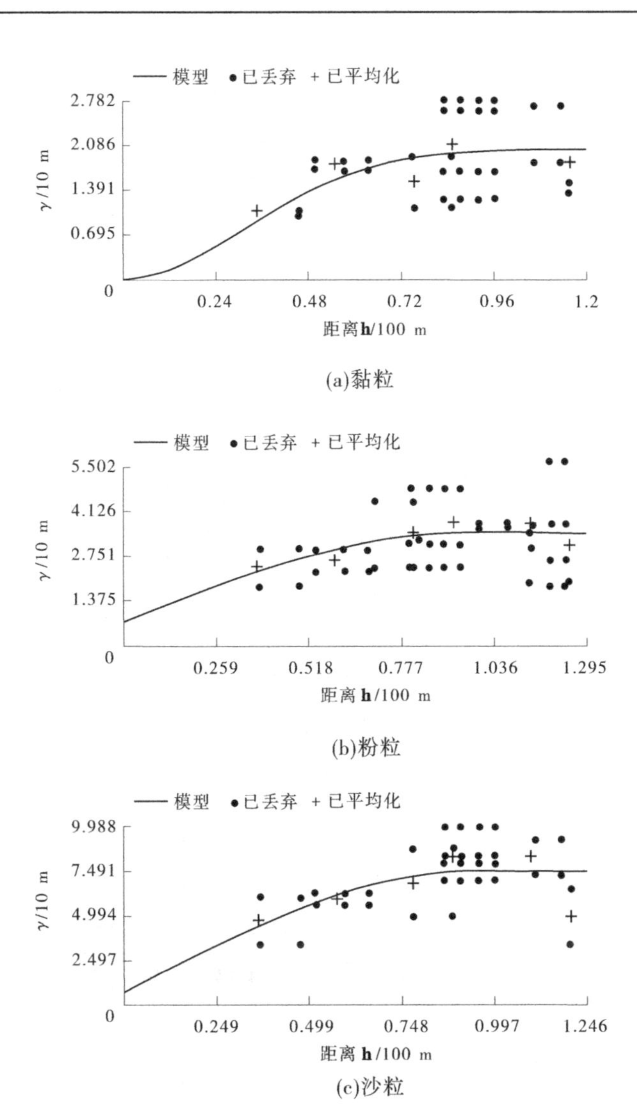

图 3-3　a 尺度下 0~10 cm 土壤粒级属性半方差函数

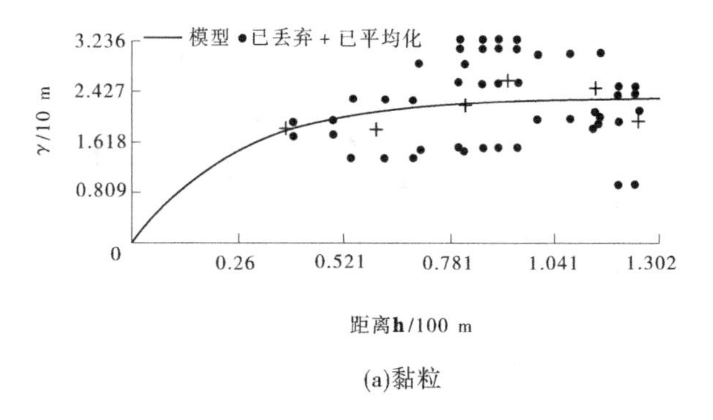

(a)黏粒

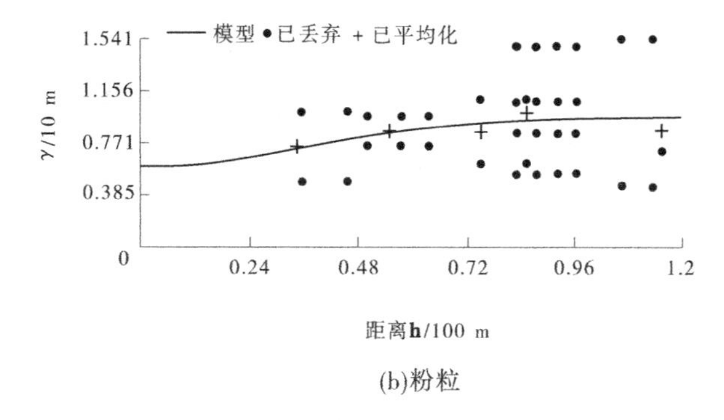

(b)粉粒

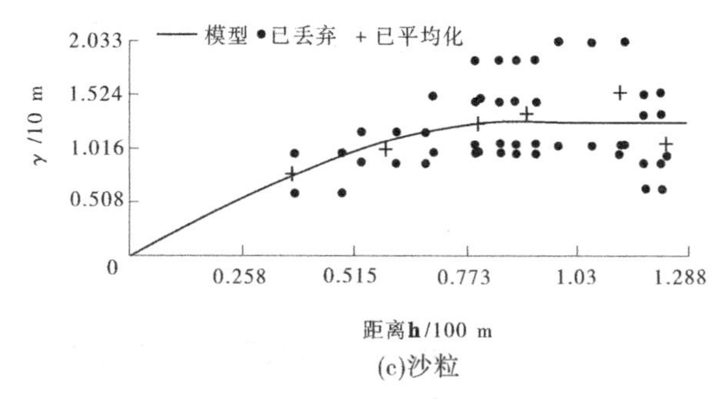

(c)沙粒

图 3-4　a 尺度下 20~30 cm 土壤粒级属性半方差函数

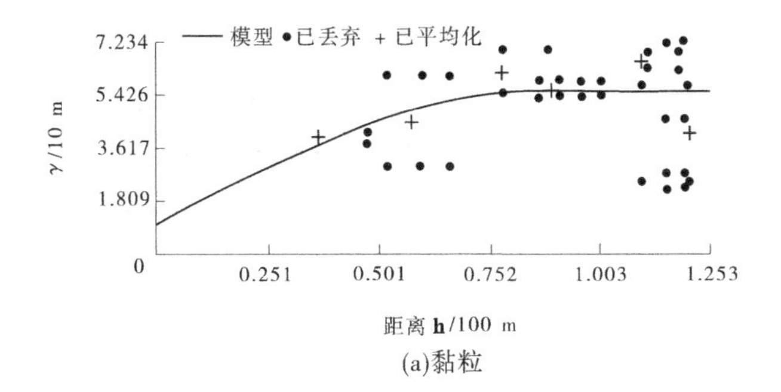

(a)黏粒

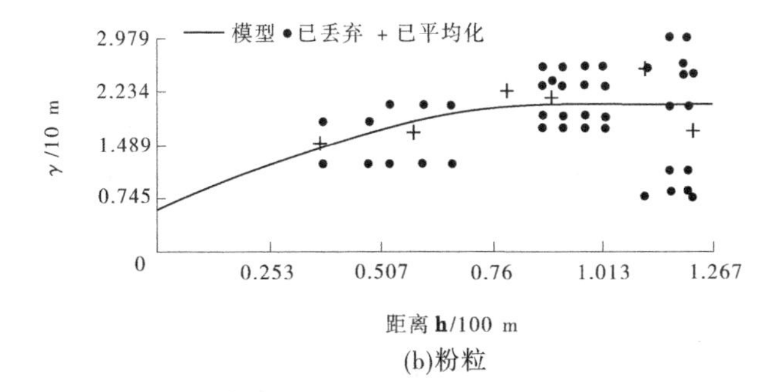

(b)粉粒

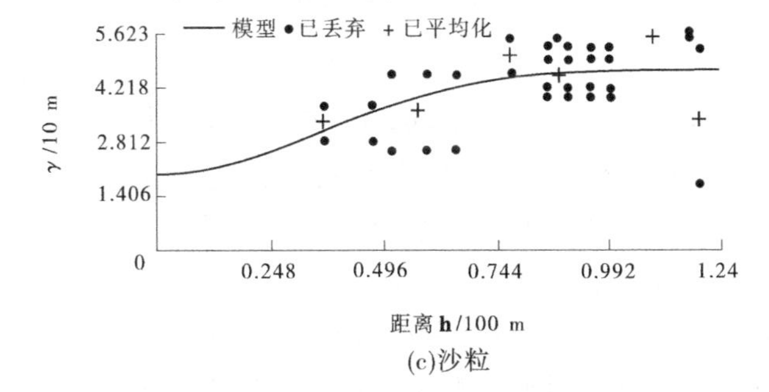

(c)沙粒

图 3-5 a 尺度下 40~50 cm 土壤粒级属性半方差函数

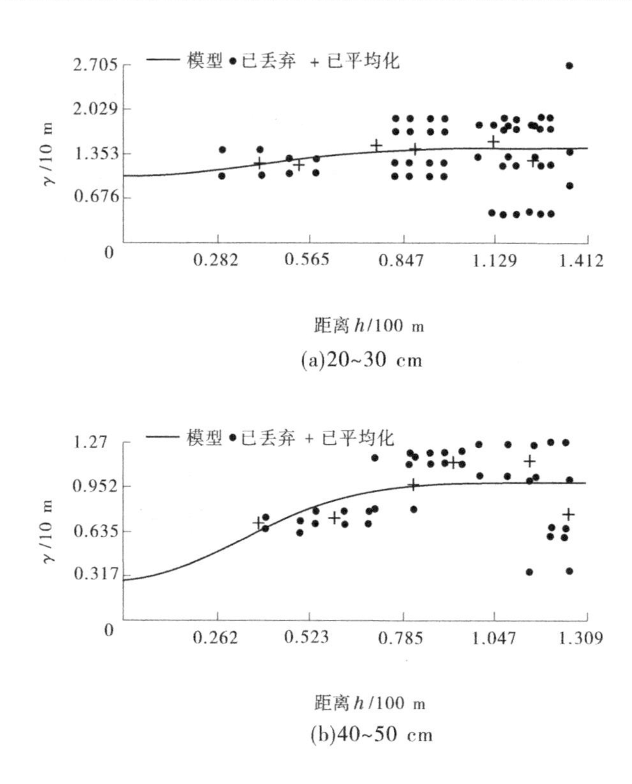

图 3-6　a 尺度下土壤密度的半方差函数

表 3-2 中变程数据表明，在 a 尺度下，土壤粒级属性在研究区域内的最大相关距离主要介于 78～94 m，距离大致为研究区最大距离的 1/3 左右，差异并不显著。在 b 尺度下，除在空间上呈随机分布的变量无有效变程外，其他变量的最大相关距离基本介于 15～17 m，距离也大致为分析尺度最大距离的 1/3 左右，这个结果与 a 尺度所得结果基本类似。而在尺度 c 上时，多数变量的最大相关距离主要与较大尺度上的结果相一致，且有小幅度增加，只有 20～30 cm 以及 40～50 cm 的黏粒变量主要受到较小尺度的影响，结果与 b 尺度的结果较为一致。导致有此现象的主要原因可能在于变量自身的空间自相关性和空间随机性的综合影响。

与土壤级配属性密切相关的土壤密度的半变异函数分析结果见表 3-3，其半变异函数拟合模型多为高斯模型。分析结果表明，在 a 尺度上，两个土层的密度对空间均表现为中等依赖性，DSD 值分别为 70.63%和 30.61%，其最大相关距离分别为 95.14 m 和 79.72 m，与同样尺度下的土壤粒级属性的变程相差不大；而在分析尺度为 b 的情况下，两个土层的密度对空间均表现为弱的空间依赖性，且下层土壤密度变异函数的偏基台值为 0，即表现为纯块金模型，其空间相关度 DSD 值分别为 58.75%和 81.71%，说明下层土壤密度在空间上呈现为完全的随机分布，无空间自相关关系，无有效变程；而在 c 尺度上，变量的空间相关度相对于两个单一尺度而言均有所加强。这种情况说明密度的空间相关程度与其采样的空间布局和采样频率有很大关系。

3.2.2　空间相关性分析

3.2.2.1　全局空间自相关分析

表 3-4 为全局自相关分析的 Moran's I 值及检验统计量 $Z(I)$ 值。表 3-4 中 Moran's I 指数结果表明，在 a 尺度上，反映土壤粒级属性空间自相关性的 Moran's I 值均大于 0，表现为正相关，进一步通过对其 I 值的统计量 $Z(I)$ 进行假设检验，发现只有土壤深度为 0～10 cm 的黏粒、粉粒、沙粒以及 20～30 cm 的沙粒和 40～50 cm 土层内的密度在全局内表现为显著正相关（$p<0.1$），其结果与前面变异函数分析的结果相吻合，即呈弱空间依赖性的变量在这里均表现为正相关关系不显著。而在 b 尺度上，各变量的 Moran's I 指数与在 a 尺度上有很大的不同，其主要表现为部分变量的 Moran's I 指数为负值，呈现为负相关关系，但其检验统计量的显著性水平 p 值均显示大于 0.1，呈现为不显著的特征，说明这些变量在空间上的趋异性分布（图 2-3 中 $-1\leq I<0$）趋势并不明显，没有达到显著的特点，而在 Moran's I 指数大于 0 的变量中，只有土层为 0～10 cm 的黏粒在全局空间上具有显著正相关关系（$p<0.05$）。

表 3-3 研究区土壤密度的半方差函数和交叉验证统计

变量	土层分布 /cm	模型	块金值 C_0	偏基台值 C_1	DSD[C_0/(C_0+C_1)] /%	变程/m	交叉验证统计	
							平均标准误差 MSE	均方根误差 RMSE
a(200 m×200 m)								
密度	20~30	高斯	0.010	0.004	70.63	95.14	0.117	0.109
	40~50	高斯	0.003	0.007	30.61	79.72	0.086	0.087
b(40 m×40 m)								
密度	20~30	高斯	0.004	0.003	58.75	18.38	0.081	0.085
	40~50	高斯	0.002	0.000	81.71	0	0.053	0.051
c(200 m×200 m∪40 m×40 m)								
密度	20~30	球面	0.006	0.008	43.45	86.25	0.092	0.101
	40~50	球面	0.002	0.007	22.74	107.58	0.057	0.072

表3-4　全局自相关分析的Moran's I值及检验统计量

变量	土层分布/cm	Moran's I指数	$Z(I)$值	显著性p值	是否显著
a（200 m×200 m）					
黏粒	0~10	0.231	2.489	0.013*	是
	20~30	0.083	0.862	0.389	否
	40~50	0.133	1.182	0.237	否
粉粒	0~10	0.200	1.654	0.098	是
	20~30	0.087	0.864	0.388	否
	40~50	0.153	1.312	0.190	否
沙粒	0~10	0.227	1.850	0.064	是
	20~30	0.258	2.044	0.041*	是
	40~50	0.137	1.208	0.227	否
密度	20~30	0.165	1.469	0.142	否
	40~50	0.213	1.753	0.080	是
b（40 m×40 m）					
黏粒	0~10	0.219	1.736	0.083	是
	20~30	0.133	1.222	0.222	否
	40~50	-0.087	-0.309	0.757	否
粉粒	0~10	0.123	1.386	0.255	否
	20~30	-0.077	-0.236	0.813	否
	40~50	-0.240	-1.379	0.168	否
沙粒	0~10	0.176	1.484	0.138	否
	20~30	-0.020	0.147	0.883	否
	40~50	-0.264	-1.545	0.122	否
密度	20~30	0.070	0.799	0.424	否
	40~50	0.045	0.592	0.554	否

续表 3-4

变量	土层分布/cm	Moran's I 指数	$Z(I)$值	显著性 p 值	是否显著
c（200 m×200 m∪40 m×40 m）					
黏粒	0~10	0.218	4.523	0.000**	是
	20~30	0.077	1.868	0.062	是
	40~50	0.100	2.300	0.021*	是
粉粒	0~10	0.452	8.942	0.000**	是
	20~30	0.379	7.569	0.000**	是
	40~50	0.147	3.178	0.001**	是
沙粒	0~10	0.331	6.657	0.000**	是
	20~30	0.257	5.262	0.000**	是
	40~50	0.124	2.739	0.006**	是
密度	20~30	0.022	0.815	0.415	否
	40~50	0.344	6.969	0.000**	是

注：“*”在 0.05 级别（双尾），相关性显著；“**”在 0.01 级别（双尾），相关性显著。

相关统计量及假设检验 p 值的结果表明，除呈显著正相关关系的变量外，其他变量在空间上的相关关系均不强，其 |Moran's I|<0.2。说明多数变量在研究区上并不呈现出明显的聚类或趋异的分布趋势，其主要还是较靠近随机分布类型（图 2-3 中 $I=0$），空间自相关关系较弱。但在取样面积与 a 尺度相同，取样频率增加、取样间隔不一的 c 尺度上，这种空间自相关性的表现有了很大的不同，具体表现为在 c 尺度下，除分布于土层为 20~30 cm 内的密度在全局上表现为不显著的相关关系外，其他土壤属性变量在整个研究区的空间上均表现为十分显著的正相关关系，有些变量的显著性检验 p 值甚至小于 0.000 01，这表明在犯错误接近于 0 的可能性下，可以认为这种空间正相关性是显著存在的备择假设。所以，可以在很大程度上认为，在

该尺度下，多数研究变量在空间上呈正相关关系，具有聚类分布特征（图2-3中$0<I\leq1$）。将各尺度下 Moran's I 指数与 DSD（空间相关度）进行皮尔逊相关性分析，得到两者的相关关系均为显著负相关（$p<0.01$），相关系数分别为-0.784、-0.929、-0.632（见表3-5）。也即表明 Moran's I 值的绝对值越大，由变异函数结构得到的空间相关度也就越小，随机性因素占比就越小，变量的空间分布则主要是受到空间自相关性的影响。

表3-5　各尺度下 Moran's I 指数与 DSD（空间相关度）的相关性矩阵

a（200 m×200 m）		b（40 m×40 m）		c（200 m×200 m∪40 m×40 m）	
Moran's I 值		Moran's I 值		Moran's I 值	
DSD	-0.784**	DSD	-0.929**	DSD	-0.632**

注："*"在0.05级别（双尾），相关性显著；"**"在0.01级别（双尾），相关性显著。

以上结果显示，在不同的研究尺度下，其空间自相关性的表现具有明显的差异，主要表现为在小尺度上不具有空间自相关性，而在较大尺度上则表现出了空间自相关性，同时，这种相关关系在同样的采样面积下，随着采样频率的增加，有很大程度的加强，确定空间关系的水平也呈现出更加显著的特点。

3.2.2.2　增量空间自相关分析

图3-7图~3-9为各尺度下不同滞后距离上自相关分析的 Moran's I 指数，从图中反映的整体情况可发现 Moran's I 指数在不同尺度间呈现出明显的差异。在尺度为 a 的情况下，其 Moran's I 指数反映出各土层黏粒、粉粒、沙粒的空间自相关性随距离的增大呈现出减弱趋势，其主要的特征是从正相关向负相关转变，且正负关系转变的大致距离为90 m。土壤密度的空间自相关性在多数距离上也主要呈正相关关系，但下层土壤密度在分离距离大于70 m后，其 Moran's I 指数曲线呈急剧下降的总趋势，相关关系迅速减弱，向不相关方向转变，也即表明下层土壤密度在较大距离空间是没有关系的，成随机性分布特征。

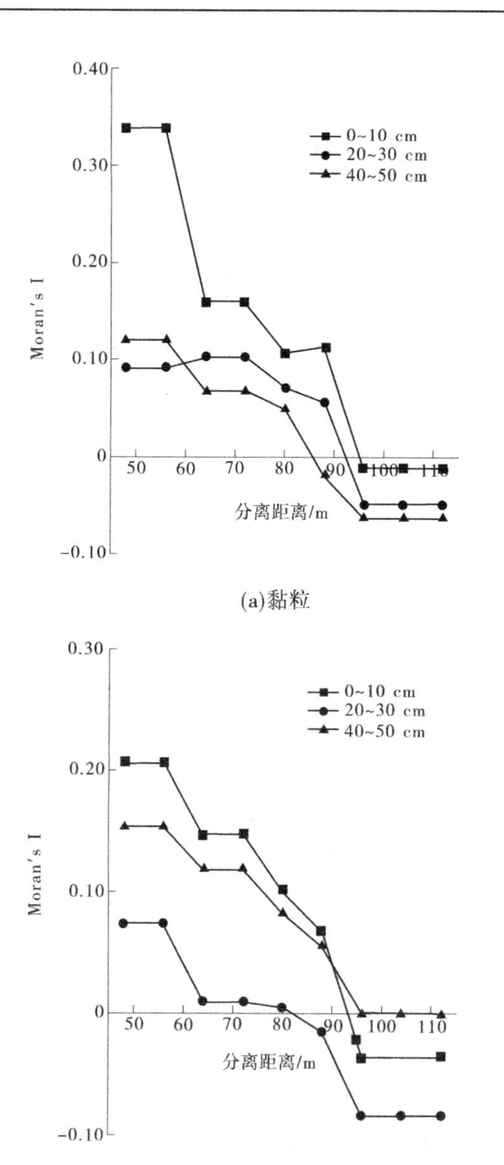

图 3-7　a（200 m×200 m）尺度下各变量的增量自相关分析

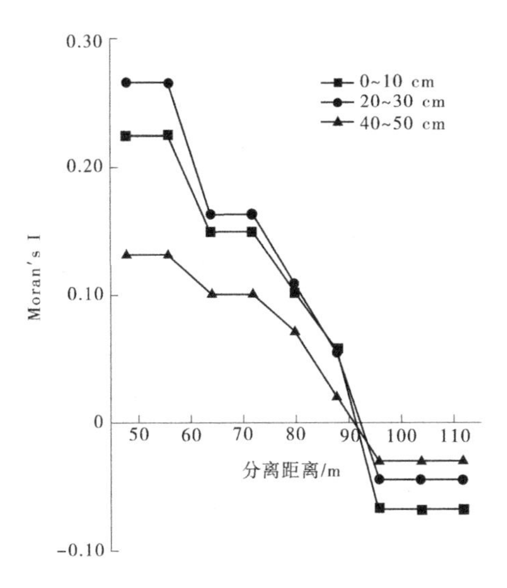
0.30
0.20
0.10
0
-0.10
Moran's I
0~10 cm
20~30 cm
40~50 cm
50
60
70
80
90
100
110
分离距离/m

(c)沙粒

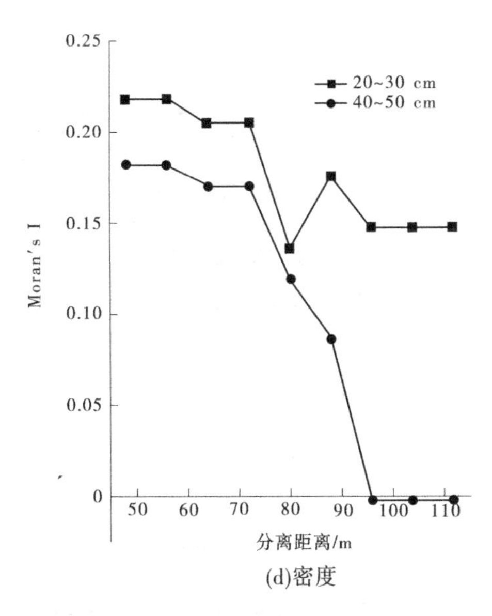
0.25
0.20
0.15
0.10
0.05
0
Moran's I
20~30 cm
40~50 cm
50
60
70
80
90
100
110
分离距离/m

(d)密度

续图 3-7

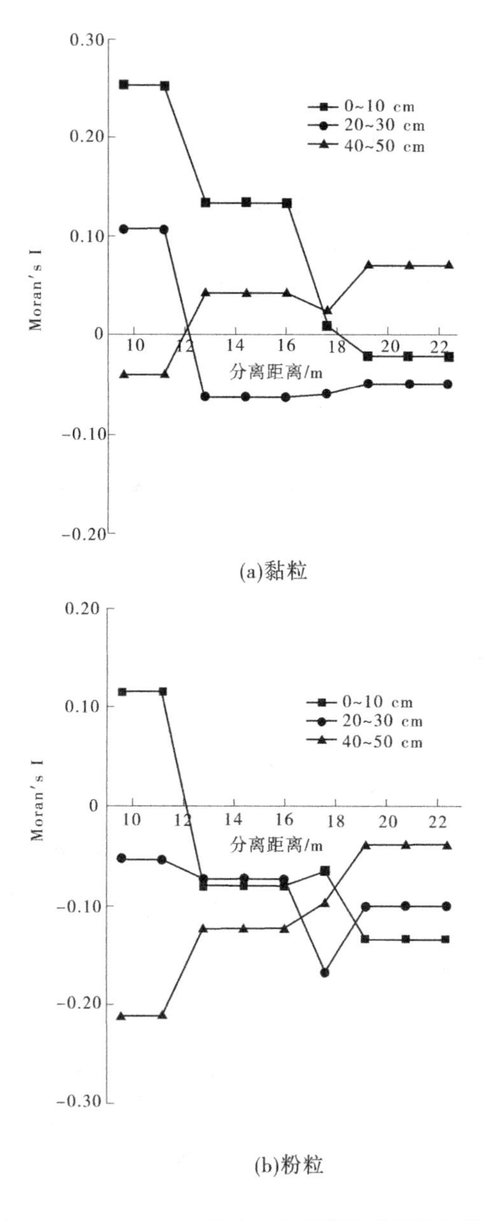

(a)黏粒

(b)粉粒

图 3-8　b（40 m×40 m）尺度下各变量的增量自相关分析

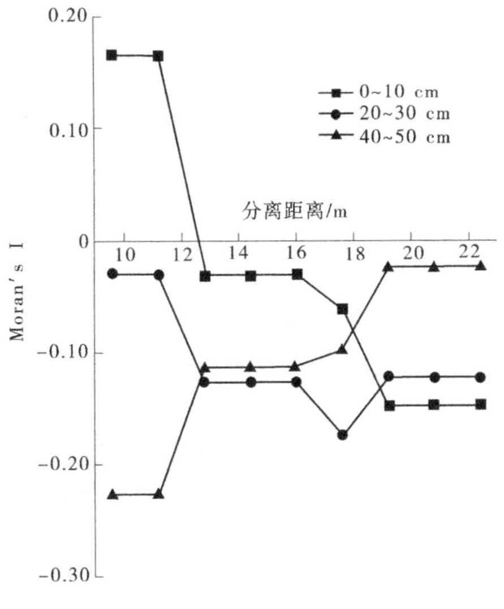
0.20
0.10
0
-0.10
-0.20
-0.30
Moran's I
10 12 14 16 18 20 22
分离距离/m
0~10 cm
20~30 cm
40~50 cm

(c)沙粒

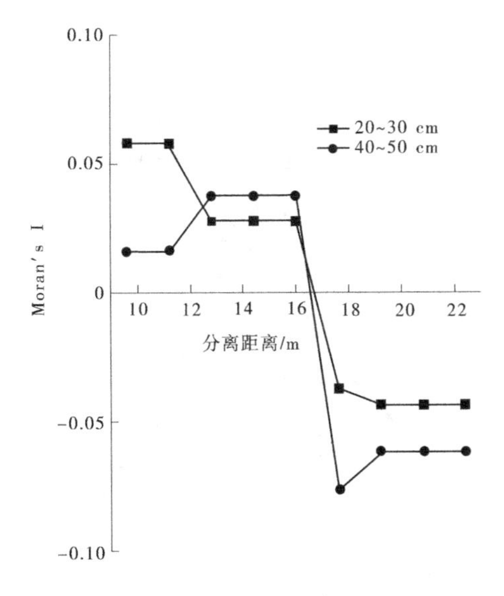
0.10
0.05
0
-0.05
-0.10
Moran's I
10 12 14 16 18 20 22
分离距离/m
20~30 cm
40~50 cm

(d)密度

续图 3-8

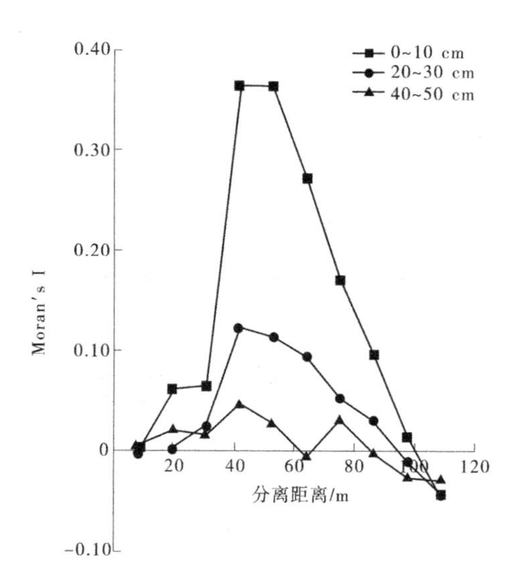

(a)黏粒

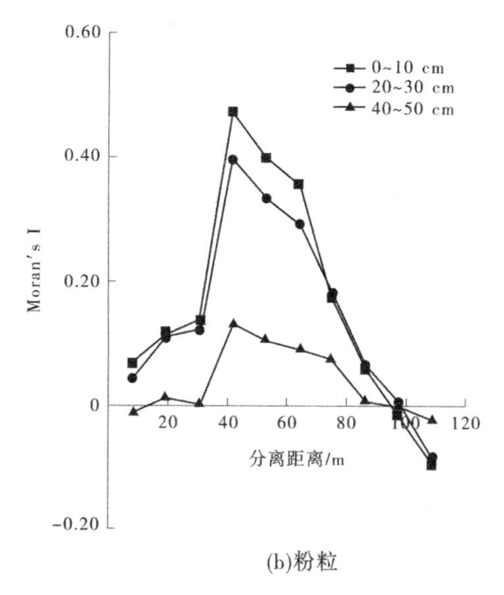

(b)粉粒

图 3-9　c（200 m×200 m ∪ 40 m×40m）尺度下各变量的增量自相关分析

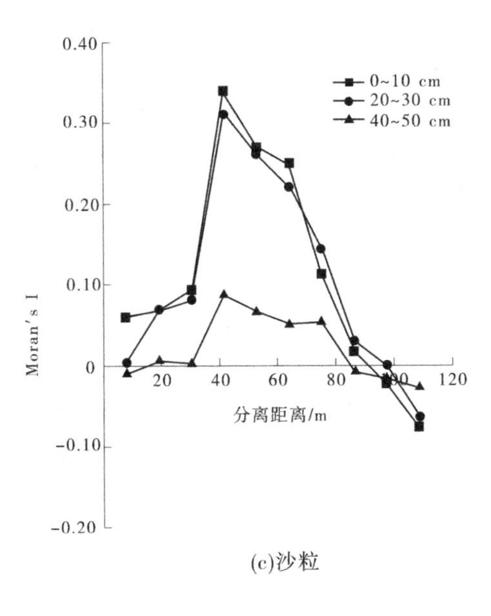
0.40
0.30
0.20
0.10
0
-0.10
-0.20
Moran's I
0~10 cm
20~30 cm
40~50 cm
20
40
60
80
100
120
分离距离/m

(c)沙粒

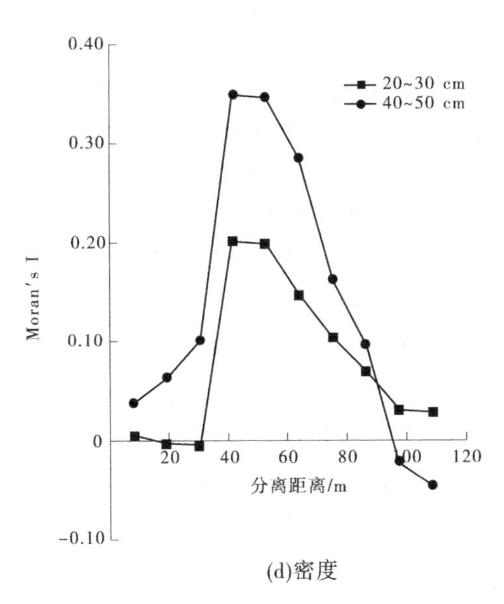
0.40
0.30
0.20
0.10
0
-0.10
Moran's I
20~30 cm
40~50 cm
20
40
60
80
100
120
分离距离/m

(d)密度

续图 3-9

在 b 尺度上，从各变量 Moran's I 指数在空间距离上的变化趋势来看，其土层 0～10 cm 的黏粒、粉粒、沙粒变量在距离空间上的 Moran's I 指数主要是随分离距离的增加而呈现下降的总趋势，但其变量在全距离空间上主要表现为正相关关系，具有聚类分布特征，而其他变量的空间相关关系则是相反，在距离空间上多以负相关关系为主，Moran's I 指数均小于 0，但其 Moran's I 指数的绝对值基本都小于 0.2，相关性均不强，不相关状态较明显。这一表现进一步证实了在进行全局空间自相关分析中所得到的 Moran's I 指数为负的结论（见表 3-4）。

另外，在 c 尺度上，空间自相关的 Moran's I 值变化特点与同幅度的 a 尺度有了明显的差别，主要表现为分布于土层深度为 40～50 cm 的黏粒、粉粒、沙粒的空间自相关的 Moran's I 值的绝对值较小，曲线整体平顺靠近 x 轴，主要表现出不相关的特征。而另外两个土层的黏粒、粉粒、沙粒在相同空间距离上的 Moran's I 值较之 a 尺度相应的距离变大了许多，正相关关系得到明显加强。结果说明样点频率增高，进而取样间距缩小，使之空间自相关性更能在局部空间距离下接近真实地表达出来，增强了局部的表现力，避免了被大尺度所掩盖的特点。这一结论也就相应地阐释了在全局自相关分析中土壤粒级属性变量在整个研究区上均表现为十分显著的正相关关系，且部分变量的显著性水平 $p<0.000\,001$，达到了极显著的水平。

对于土壤密度的空间自相关分析而言，其在各尺度之间的差异与土壤粒级属性表现得类似，表现为在 a 尺度上，其在各距离空间上多以正相关关系为主；而当尺度为 b 时，密度的空间关系在分离距离小于 16 m 的区域范围内为正相关，而后则主要呈负相关，但其变量的 $|\text{Moran's I}|<0.1$，相关性较弱，主要还是表现出不相关的特征；而当尺度为 c 时，其相关关系在距离空间上强弱的变化与土壤粒级属性的变化趋势基本一致，其分离距离大于 40 m 后的相关性明显得到了加强。

3.2.3 土壤粒级属性的空间分布

图 3-10 为各变量在研究区上的分布情况，结果表明该地区土壤

的机械组成在土壤深度0~30 cm的剖面上是基本一致的，而到了深度40~50 cm则有很大的不同。具体表现为该地区0~50 cm土层的土壤黏粒含量呈现出沿东南—西北方向上分布较高、东西两块地区上分布低的趋势，且含量较高的区域均大致位于研究区范围的南北两侧；而在研究区的正西面，粉粒含量均较低，在东南及西北面上，含量均较高；沙粒含量在研究区的正西面的中心地区呈现出较高的趋势，而在南面的大块地区较低。在密度方面，浅层20~30 cm内的土壤密度整体呈现出南低北高的趋势，而在40~50 cm土层内，土壤密度呈现出中间低四周高的分布特征。总体上浅层20~30 cm内的土壤密度整

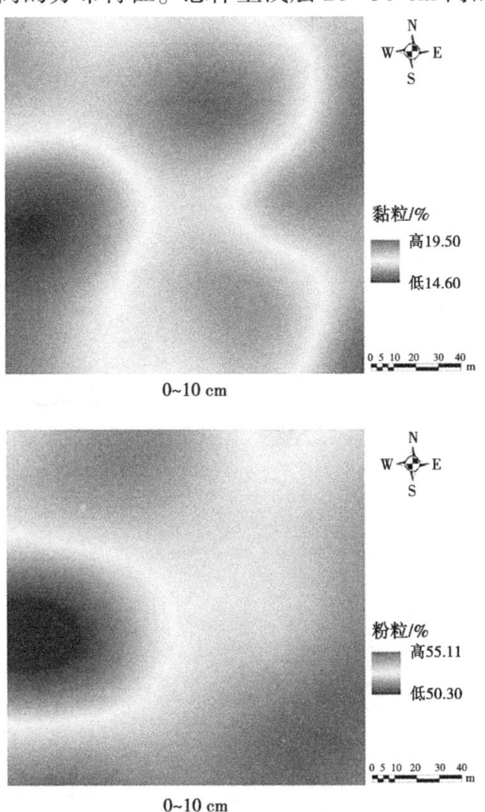

图3-10　土壤基本属性的空间插值分布

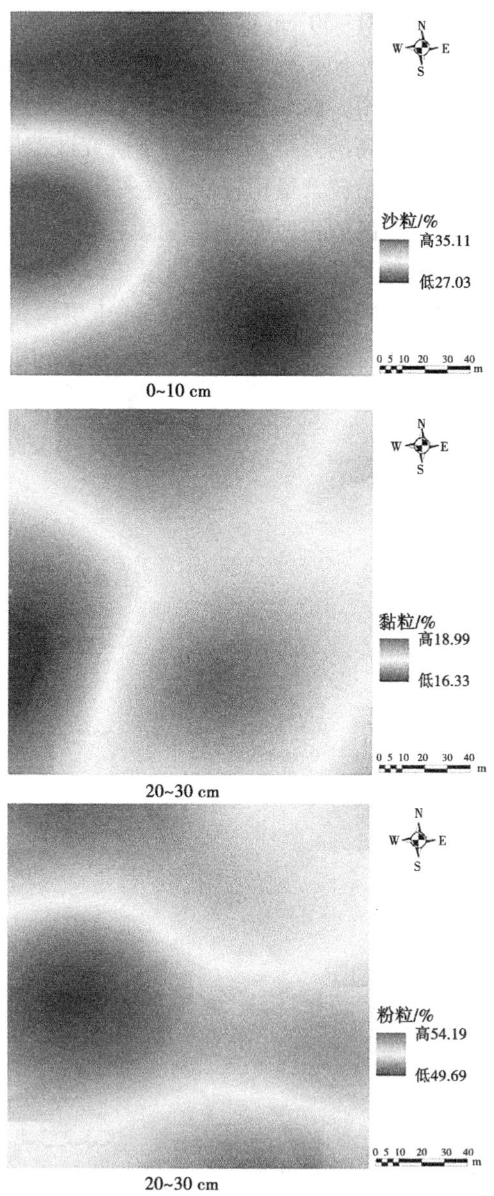
N
W
E
S
沙粒/%
高35.11
低27.03
0 5 10 20 30 40
m
0~10 cm
N
W
E
S
黏粒/%
高18.99
低16.33
0 5 10 20 30 40
m
20~30 cm
N
W
E
S
粉粒/%
高54.19
低49.69
0 5 10 20 30 40
m
20~30 cm

续图 3-10

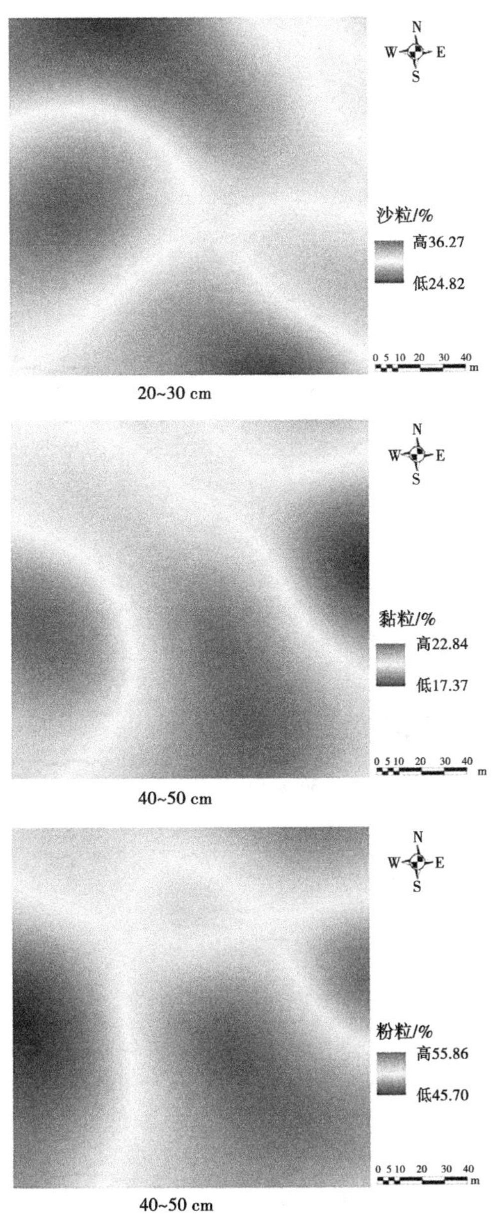
N
W
E
S
沙粒/%
高36.27
低24.82
0 5 10 20 30 40
m
20~30 cm
N
W
E
S
黏粒/%
高22.84
低17.37
0 5 10 20 30 40
m
40~50 cm
N
W
E
S
粉粒/%
高55.86
低45.70
0 5 10 20 30 40
m
40~50 cm

续图 3-10

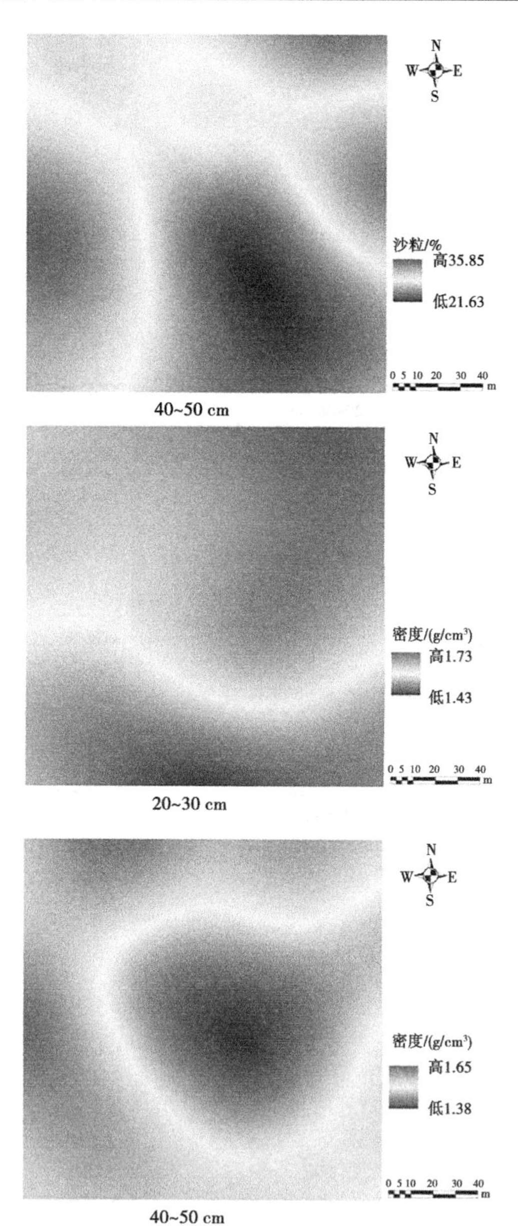
N
W
E
S
沙粒/%
高35.85
低21.63
0 5 10 20 30 40
m
40~50 cm
N
W
E
S
密度/(g/cm³)
高1.73
低1.43
0 5 10 20 30 40
m
20~30 cm
N
W
E
S
密度/(g/cm³)
高1.65
低1.38
0 5 10 20 30 40
m
40~50 cm

续图 3-10

体高于下层40~50 cm的密度。这可能与土壤的原始沉积以及浅层土壤经常受到人为活动和机械耕作碾压等扰动因素有关。

3.3 小　结

本章首先对研究区不同尺度下的土壤粒级属性及密度进行了统计分析，其次则是利用地统计理论和空间统计工具对其各变量进行了半变异函数以及空间相关性的分析和阐述，最后基于最优半变异函数模型绘制出变量的空间分布图。得到如下结论：

(1)基于国际制土壤质地划分标准可以判定研究区域内的土壤质地多为粉沙质黏壤土，部分零星区域为粉沙质壤土和黏壤土。土壤各粒级属性及密度在空间上分布较均一，变异系数均接近于0.1，基本都呈现弱变异特征，且数据分布类型多呈正态分布。尺度分析表明，尺度对变异系数的影响并不显著。

(2)土壤粒级属性及密度在空间上多为中等空间依赖性，在a尺度上，其最大空间相关距离主要介于78~94 m；在b尺度上，除呈纯块金模型的变量无有效变程外，其他变量的最大相关距离基本介于15~17 m；而在c尺度上，多数变量的变程主要与a尺度大致相同。研究结果表明：在取样幅度与取样间距均不同的情况下，变量在大尺度上有空间自相关性和最大相关距离并不能保证在小尺度也表现出有空间相关性和最大相关距离。这一点前人并未提及。

(3)空间自相关分析表明，土壤粒级属性变量在全局上多为正相关关系，即变量在空间上有聚类分布趋势，且当研究变量在变异函数分析中表现为纯块金模型时，其Moran′s I指数均表现为负值，说明其在空间上有趋异性分布特征。另外，从检验统计量的p值可看出，随着采样频率的增加，其空间相关性的大小有很大程度的加强，其增量空间自相关性分析也证实这一点。

(4)土壤粒级含量的空间分布表明土层0~10 cm与20~30 cm内的黏粒、粉粒、沙粒在空间上的分布是一致的，而深度40~50 cm土层的分布则与浅层明显不同。

第 4 章 土壤团聚体的空间变异及自相关分析

土壤团聚体是在腐殖质的作用下形成近似球形较疏松多空的小土团，多认为是直径在 10 mm 以下的小土块，一般又将直径为 0.25～10 mm 的土团定义为大团聚体，在有机质储量较丰富、肥力较高的耕层中较为多见；直径小于 0.25 mm 的土团则被定义为微团聚体，在水稻土和一般旱地土壤中较多[1]。土壤团聚体是土壤结构体中最基本的单元，犹如生物体的组织细胞，其空间结构以及分布状况深刻地影响着土壤的空隙分布以及土壤的持水性能，在土壤的抗蚀性、碳汇功能方面起着十分重要的作用，自然、人为活动等成土因素的综合作用致使土壤在时空分布上具有高度的空间异质性，从而对于土壤学的定量、动态研究及其实际应用起到了一定的阻碍作用。因此，对于其空间变异方面的研究将有助于揭示土壤团聚体空间分布规律和内在联系，使土壤团聚体在研究区域上的形成、分布得到定性和定量的表述，这将有助于对区域土壤空间结构分布的理解，进而为提升土壤肥力、改善土壤质量、防止水土流失、土壤综合治理等方面提供科学依据[14, 94]。

土壤团聚体作为参与建构土壤空间结构的有效个体单元，根据其空间结构的稳定性特征，又将其大团聚体划分为非水稳定性和水稳定性两种，测定其各自含量的方法主要采用干筛法和湿筛法，本章主要对经干湿筛法后所得到的各级水稳定性大团聚体含量进行空间变异分析。

4.1 各级团聚体含量的表述统计

研究区浅层各级土壤团聚体含量在不同尺度下的统计分布特征由表 4-1 给出，从表 4-1 中的最小值、最大值、平均值、中位数等的分布

表 4-1　各级团聚体含量及平均质量直径的描述性统计分析

变量	土层分布/cm	粒级 d/mm	最小值	最大值	平均值	中位数	标准偏差	变异系数/%	偏度	峰度	数据转化类型	K-S检验 p 值	分布类型
a(200 m×200 m)													
团聚体/%	0~20	$d>5$	4.70	25.95	16.29	15.86	5.39	33.08	-0.25	-0.15	无	0.967	正态
		$3<d<5$	6.42	14.97	10.48	10.40	1.96	18.67	0.01	0.05	无	0.998	正态
		$1<d<3$	9.48	18.17	12.67	12.10	2.18	17.22	0.59	-0.15	无	0.728	正态
		$0.25<d<1$	21.36	46.70	31.59	29.52	7.19	22.77	0.52	-0.76	Ln	0.797	对数正态
		$d<0.25$	20.53	39.54	28.97	28.77	4.43	15.29	0.20	0.59	无	0.689	正态
	20~40	$d>5$	5.91	28.87	14.91	14.97	5.82	39.05	0.52	0.43	无	0.844	正态
		$3<d<5$	6.31	15.58	10.09	9.99	2.37	23.49	0.54	-0.06	无	0.993	正态
		$1<d<3$	8.43	18.04	11.49	11.39	2.15	18.69	1.06	2.09	无	0.978	正态
		$0.25<d<1$	21.36	43.36	31.48	31.70	5.80	18.43	0.26	-0.48	无	0.993	正态
		$d<0.25$	21.85	43.97	32.04	30.94	5.61	17.51	0.54	0.03	Ln	0.740	对数正态
MWD/mm	0~20		1.17	2.87	2.13	2.13	0.43	20.28	-0.28	0.09	无	0.977	正态
	20~40		1.28	3.20	1.99	1.99	0.48	24.33	0.51	0.41	无	0.651	正态

续表 4-1

变量	土层分布/cm	粒级 d/mm	最小值	最大值	平均值	中位数	标准偏差	变异系数/%	偏度	峰度	数据转化类型	K-S检验 p 值	分布类型
b(40 m×40 m)													
团聚体/%	0~20	$d>5$	12.33	36.42	21.68	20.50	5.61	25.86	0.78	0.52	无	0.742	正态
		$3<d<5$	9.98	15.20	12.39	12.14	1.68	13.59	0.20	-1.18	无	0.688	正态
		$1<d<3$	9.26	15.04	11.72	11.39	1.57	13.40	0.61	-0.36	无	0.792	正态
		$0.25<d<1$	14.01	36.36	26.61	26.80	5.00	18.80	-0.28	0.43	无	1.000	正态
		$d<0.25$	20.77	34.00	27.60	27.79	3.76	13.62	-0.12	-0.86	无	0.943	正态
	20~40	$d>5$	0.80	18.78	7.36	5.44	4.95	67.26	0.92	-0.05	*Ln*	0.984	对数正态
		$3<d<5$	3.70	12.01	7.94	7.68	2.11	26.62	0.35	-0.23	无	0.892	正态
		$1<d<3$	7.25	12.81	10.64	10.74	1.42	13.34	-0.85	0.87	无	0.792	正态
		$0.25<d<1$	29.76	44.06	37.12	37.13	4.24	11.43	-0.15	-0.82	无	0.930	正态
		$d<0.25$	27.80	49.38	36.93	36.88	4.98	13.48	0.13	0.49	无	0.992	正态
MWD/mm	0~20		1.78	3.64	2.56	2.45	0.44	17.11	0.66	0.18	无	0.813	正态
	20~40		0.68	2.33	1.36	1.20	0.43	31.82	0.87	-0.01	Ln	0.552	对数正态

续表 4-1

变量	土层分布/cm	粒级 d/mm	最小值	最大值	平均值	中位数	标准偏差	变异系数/%	偏度	峰度	数据转化类型	K-S检验 p 值	分布类型
c（200 m×200 m∪40 m×40 m）													
团聚体/%	0~20	$d>5$	4.70	36.42	18.98	19.10	6.08	32.05	0.25	0.71	无	0.985	正态
		$3<d<5$	6.42	15.20	11.44	11.51	2.05	17.92	−0.12	−0.21	无	0.921	正态
		$1<d<3$	9.26	18.17	12.20	11.74	1.94	15.92	0.77	0.26	Ln	0.482	对数正态
		$0.25<d<1$	14.01	46.70	29.10	28.42	6.63	22.78	0.60	0.37	Ln	0.794	对数正态
		$d<0.25$	20.53	39.54	28.29	28.52	4.12	14.58	0.15	0.16	无	0.935	正态
	20~40	$d>5$	0.80	28.87	11.14	9.93	6.57	58.98	0.55	−0.13	无	0.531	正态
		$3<d<5$	3.70	15.58	9.01	8.64	2.47	27.42	0.45	0.06	无	0.900	正态
		$1<d<3$	7.25	18.04	11.07	10.97	1.85	16.74	0.87	3.03	无	0.926	正态
		$0.25<d<1$	21.36	44.06	34.30	34.34	5.78	16.86	−0.26	−0.61	无	0.918	正态
		$d<0.25$	21.85	49.38	34.48	34.74	5.80	16.83	0.14	−0.31	无	0.694	正态
MWD/mm	0~20		1.17	3.64	2.34	2.30	0.48	20.56	0.15	0.59	无	0.893	正态
	20~40		0.68	3.20	1.68	1.61	0.55	33.09	0.49	−0.19	无	0.368	正态

情况可以明显看出，在深度为 0~40 cm 的浅层土壤中，除团粒直径大于 5 mm 的团聚体外，其他各级团聚体含量随着团粒直径的减小而有明显的增加趋势。其中团粒直径在 1 mm 以下的土壤团聚体含量最高，其在团聚体总的含量中占据一半以上，尤其被称之为微团聚体（d<0. 25 mm）的含量占比尤为显著，基本上占据了全部团聚体含量的 1/3，同时比较两个土层土壤团粒的情况可以发现，分布于浅层土壤深度 0~20 cm 内的较大水稳定性团聚体（d>1）含量要明显比下层土壤中含量高，这主要是由于研究区浅层土壤属于明显的耕作层，每当作物收获以后，都会将植物秸秆进行还田处理，有研究指明，土壤有机质含量与土壤团聚体含量有较明显的相关性，特别是有机物材料还田（对于农田来说这里主要指的是秸秆还田）对水稳定性团粒结构的形成和恢复效果最佳。所以说，秸秆还田增加了表层土壤的腐殖质含量，为团聚体的构成提供了必备的条件。不仅如此，前人相关理论研究还表明，推动土壤团聚体成型的外力有：①土壤生物的作用，主要是指植物根系在土壤中的穿插挤压致使土壤颗粒紧密接触，胶结成团；②干湿交替、冻融交替和晒垡作用；③在适宜的土壤含水量条件下耕作[95]。对于这三个条件来说，浅层 0~20 cm 的土壤要形成团聚体的条件明显优越于下层 20~40 cm 内的土壤。正是由于以上这些原始因素的影响，浅层土壤中的较大土壤团聚体含量明显高于下层土壤团聚体的含量。

其次，根据表 4-1 中的变异系数可以看出，分布于 0~40 cm 土壤中各级土壤团聚体含量在空间上都呈现出中等的空间变异特征，其变异系数基本介于 0. 1~1。同时，两层土壤都有一个共同特征，就是变异系数随团聚体粒级的递减而呈现递减趋势，说明研究区小团聚体含量在空间上的分布较均衡，异质性较弱，而对于直径较大的团聚体而言，空间分布呈现出明显的空间差异。比较上下土层还可发现，亚表层大团聚体变量的变异系数明显大于上表层。这可能主要是因为要形成直径较大的土壤团聚体对土壤环境条件要求较高，而在土壤空间分布中，能够有这样好的土壤环境区域并不多，且上表层明显优于下表层（前面已述），所以致使直径较大的团聚体在空间上的分布呈现较大的异质性特征。

另外，从统计的数据特征来看，各个变量的均值和中位数都很接近，数据分布基本呈现出较好的对称性，除少数变量数据表现为对数正态外，多数变量为正态分布类型，这里还是仅以 a 尺度为例绘制各变量分布的箱形图+正态曲线图（见图 4-1）。其基本体现出了这一特征，即表明这些变量数据均符合地统计学分析的前置条件。

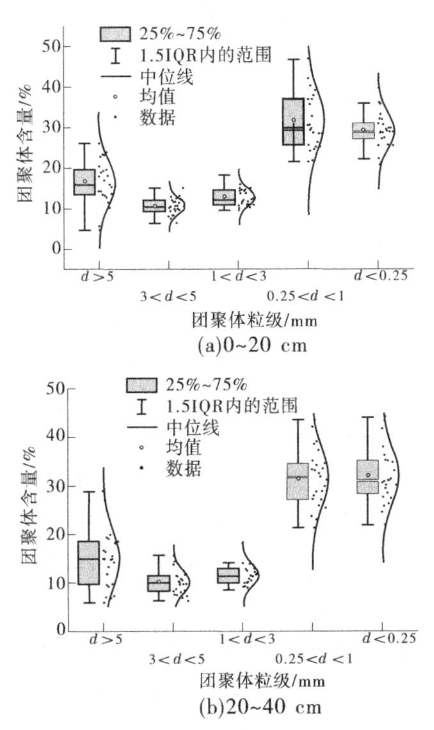

图 4-1　各级团聚体含量分布

表 4-1 中变量 MWD 为团聚体的平均质量直径，对于三个不同尺度，比较上下两个土层可以发现，浅层土壤团聚体的平均质量直径均明显大于下层，而变异系数则明显小于下层，这主要是因为平均质量直径受小团聚体质量和粒径的影响较大，也就是权重较大，故导致这种现象的产生。

4.2　空间统计学分析

4.2.1　变异函数分析

研究区各级团聚体的半变异函数分析由表 4-2 给出，其各变量的半方差函数分布如图 4-2、图 4-3 所示（仅以 a 尺度为例）。通过表 4-2 可知，综合交叉验证统计结果，可得出在 a、b、c 三个不同的尺度下，除 b 尺度下有两变量的半变异函数呈纯块金模型外，其他各变量的半变异函数最优拟合模型多为高斯模型和球面模型，另外，从反映随机因素所导致的空间变异程度的块金值 C_0 来看，在各尺度上均表现为两头大中间小的一般规律，具体为当团聚体粒径 1 mm$<d<$5 mm 时，块金值明显小于两端粒级团聚体变量的数值，且反映变量空间自相关性的 C_1 亦有同样的趋势。从各变量的空间依赖程度（DSD）来看，在尺度 a 上，除位于研究区浅层 0～20 cm 的大团粒（$d>$5 mm）以及上下两个土层中的微团粒外，各级团粒在空间上多成中等空间依赖性（0.25≤DSD≤0.75）；而在 b 尺度上，其主要也多为中等空间依赖性，稍有不同的是有部分变量的半方差函数模型为纯块金模型，仅在 b 尺度空间上没有空间自相关性，在研究区上呈现出随机分布的趋势；而在 c 尺度上，其变异函数分析结果和 a 尺度相类似，各变量在空间上多为中等的空间依赖性。

变程作为反映研究变量在空间上的最大相关距离，在实践应用当中是十分必要的参考数值，由表 4-2 可知，研究区的各级团聚体的变程受尺度影响较大，且在同一尺度上，各级团聚体的变程之间差异也较大，没有较一致的规律。在 a 尺度上，变量中最大相关距离为 226.27 m，基本上达到了研究区的最大空间距离，而最小的为 78.46 m，仅为研究区最大空间距离的 1/3 左右。比较上下两个土层可知，只有微团聚体在空间上的最大相关距离较为一致，而其他各级团聚体在上下两层之间则有明显的不同；对于 b 尺度，除半方差函数分析中表现为纯块金效应的部分变量在研究区上呈现为完全独立的分布特

表 4-2　各级团聚体的半变异函数分析和交叉验证统计

土层分布/cm	d/mm	模型	块金值 $C_0/10^{-4}$	偏基台值 $C_1/10^{-4}$	DSD $[C_0/(C_0+C_1)]$/%	变程/m	交叉验证统计	
							平均标准误差 MSE/10^{-2}	均方根误差 RMSE/10^{-2}
a(200 m×200 m)								
0~20	d>5	高斯	27.217	3.732	87.94	217.09	5.499	5.629
	3<d<5	高斯	2.841	2.268	55.60	202.30	1.844	1.981
	1<d<3	球面	2.853	2.803	50.45	78.46	2.386	2.283
	0.25<d<1	球面	0.036	0.020	64.53	186.75	6.909	7.544
	d<0.25	球面	3.928	15.363	20.36	86.10	3.971	4.231
20~40	d>5	高斯	26.183	10.984	70.45	125.93	5.755	5.630
	3<d<5	高斯	4.790	1.890	71.71	226.27	2.342	2.385
	1<d<3	高斯	3.127	3.297	48.68	226.27	1.949	2.285
	0.25<d<1	高斯	23.071	15.777	59.39	145.59	5.468	5.606
	d<0.25	球面	30.702	3.273	90.37	78.46	6.167	5.718

续表 4-2

土层分布/cm	d/mm	模型	块金值 $C_0/10^{-4}$	偏基台值 $C_1/10^{-4}$	DSD $[C_0/(C_0+C_1)]/\%$	变程/m	交叉验证统计 平均标准误差 MSE/10^{-2}	交叉验证统计 均方根误差 RMSE/10^{-2}
b(40 m×40 m)								
0~20	d>5	球面	19. 524	16. 591	54. 06	20. 31	5. 772	5. 794
	3<d<5	高斯	1. 938	1. 045	64. 98	24. 17	1. 598	1. 626
	1<d<3	球面	0. 822	2. 186	27. 33	33. 54	1. 332	1. 386
	0. 25<d<1	球面	19. 426	6. 929	73. 71	24. 25	5. 074	4. 964
	d<0. 25	高斯	9. 651	5. 987	61. 71	16. 28	3. 856	3. 460
20~40	d>5	高斯	21. 216	7. 595	73. 64	48. 00	4. 918	5. 087
	3<d<5	块金	4. 302	0. 000	100. 00	0. 00	2. 182	2. 186
	1<d<3	高斯	1. 421	1. 335	51. 55	48. 00	1. 308	1. 516
	0. 25<d<1	高斯	15. 029	6. 822	68. 78	48. 00	4. 163	4. 521
	d<0. 25	块金	24. 795	0. 000	100. 00	0. 00	5. 174	4. 946

续表 4-2

土层分布/cm	d/mm	模型	块金值 $C_0/10^{-4}$	偏基台值 $C_1/10^{-4}$	DSD $[C_0/(C_0+C_1)]/\%$	变程/m	交叉验证统计	
							平均标准误差 MSE/10^{-2}	均方根误差 RMSE/10^{-2}
c（200 m×200 m∪40 m×40 m）								
0~20	$d>5$	球面	14.966	20.169	42.60	16.28	6.082	5.924
	$3<d<5$	高斯	2.288	4.720	32.65	164.07	1.689	1.860
	$1<d<3$	高斯	1.230	3.629	25.31	45.39	1.842	1.779
	$0.25<d<1$	球面	20.037	4.956	80.17	19.44	5.238	6.368
	$d<0.25$	高斯	9.980	5.440	64.72	16.28	4.044	4.063
20~40	$d>5$	高斯	18.642	41.328	31.09	72.17	5.868	5.731
	$3<d<5$	高斯	3.853	3.311	53.78	67.27	2.368	2.370
	$1<d<3$	指数	1.030	2.290	31.03	101.03	1.524	2.013
	$0.25<d<1$	高斯	13.058	33.314	28.16	61.72	5.327	5.295
	$d<0.25$	高斯	22.997	18.809	55.01	91.52	5.483	5.514

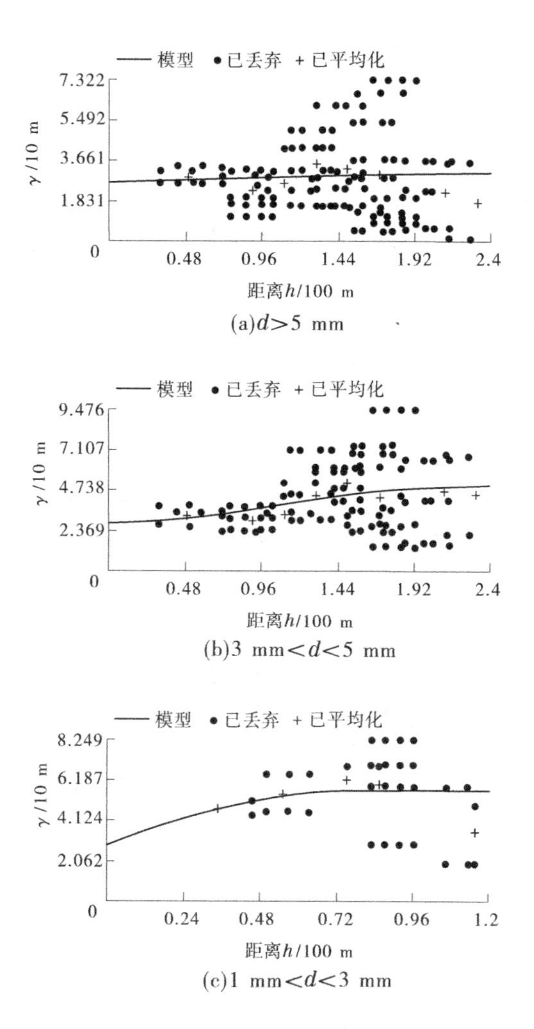

图 4-2　a 尺度下 0~20 cm 土层各级团聚体的半方差函数

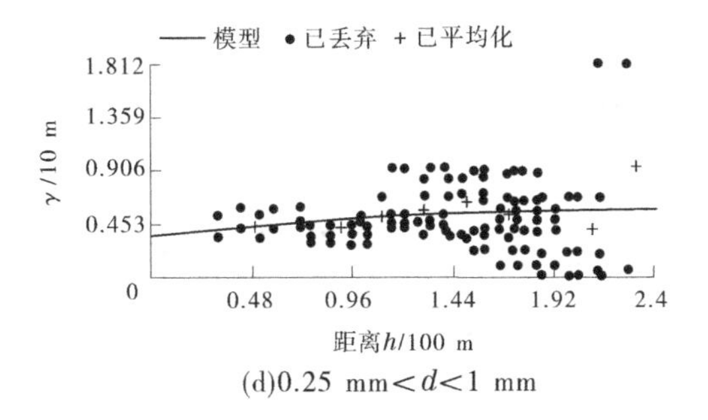

(d)0.25 mm<d<1 mm

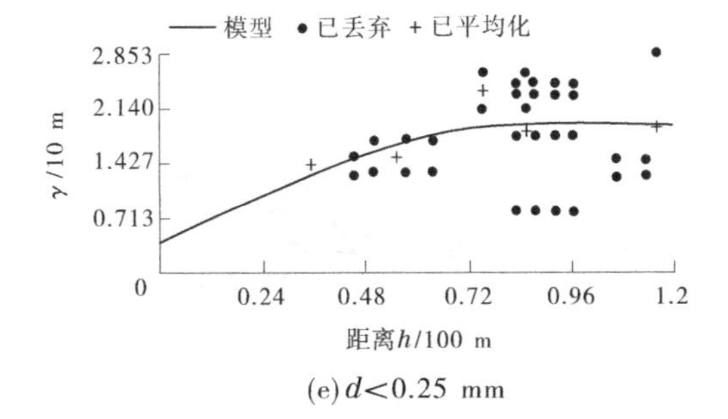

(e)d<0.25 mm

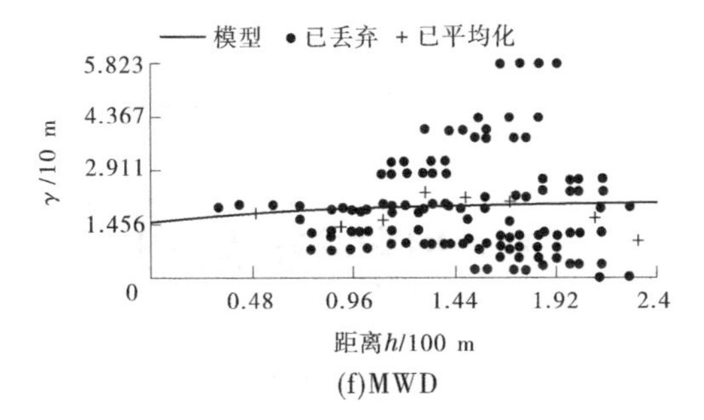

(f)MWD

续图 4-2

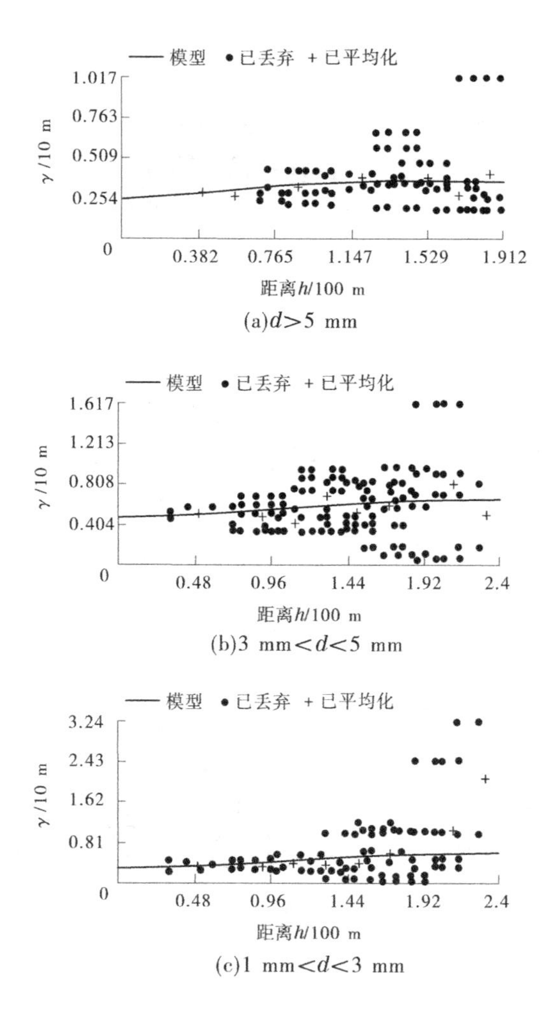

图 4-3　a 尺度下 20~40 cm 土层各级团聚体的半方差函数

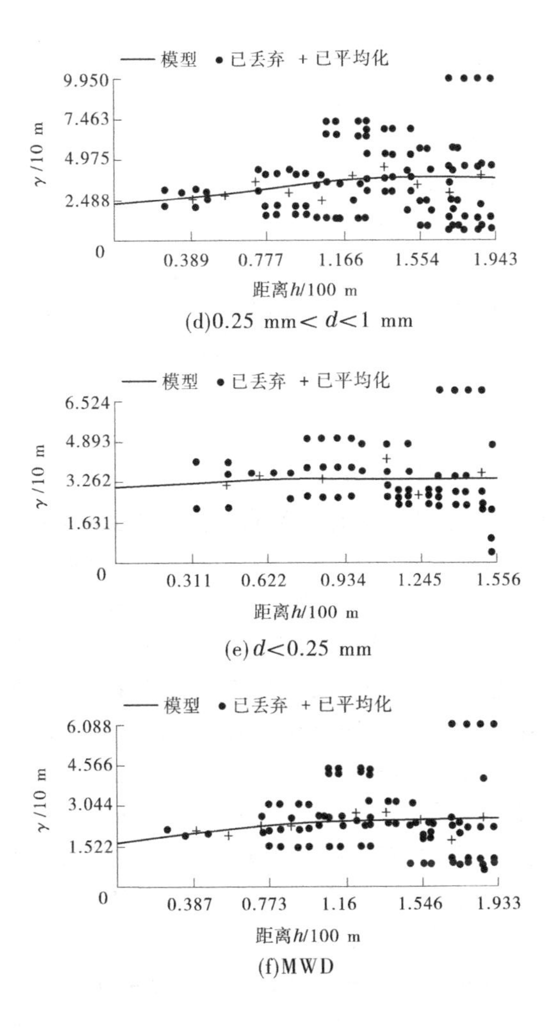

(d)0.25 mm< d<1 mm

(e) d<0.25 mm

(f)MWD

续图 4-3

征，也就是在空间上没有相关性，相关距离为0[86]，无有效变程外，其他变量则在空间上均有相关关系，其最大相关距离多介于15～48 m。而在两样本合并的情况下（c尺度），其变量均有有效变程，相对于取样距较大的a尺度而言，变程均有所大幅度减小，且各变量的空间最大相关之间的差异也较大，其最大距离达到164.07 m，接近于研究区最大距离的一半，而最小的仅为16.28 m。

表4-3为各尺度下团聚体平均质量直径的半变异函数分析和交叉验证统计，其结果表明，在a、b、c三尺度下，团聚体平均质量直径（MWD）在空间上均成中等空间依赖性，有最大相关距离，其变程的大小与其他变量一样，随尺度的不同而不同，且上层明显大于下层。

4.2.2 空间相关性分析

4.2.2.1 全局空间自相关分析

表4-4为反映各粒级团聚体全局自相关的Moran′s I指数及检验统计量，由表中数据可知，在a、b、c尺度下，不同粒径下的团聚体以及平均质量直径在所分析的全局空间上多呈正相关关系，仅有位于土壤深度20～40 cm内的各级团聚体在全局空间上呈负相关关系，即变量在空间上有趋异性分布特征，这与前面变异函数所分析的结果相适应（见表4-2）。从正负空间自相关的显著性检验而言，其变量的全局正负自相关性在a、b尺度下均不显著，而在c尺度下，除分别位于土壤上下浅表层的粒径为$d<0.25$ mm和1 mm$<d<3$ mm没有显著相关关系外，其他变量均在全局上呈现出显著的正相关关系，且部分变量还呈现出极显著的相关关系（$p<0.01$），具体结果见表4-4。全局自相关关系是针对于全区域空间上所有样本点进行的统计显著性相关性分析。以上结果表明，在采用最小间距为40 m的采样间距时，所得到的结果是所有不同粒级的团聚体在研究区域上没有显著的自相关关系，而当取样幅度为40 m×40 m且采样距为8 m时，反映出来的也是没有显著的全局自相关关系，说明在此取样距的情况下，全局的空间自相关均受到了不同程度化的掩盖，而当对其样点进行合并分析时，由于新生成了许多不同距离的数据对，使之区域里点对距离所

表 4-3　团聚体平均质量直径的半方差函数分析和交叉验证统计

变量	土层分布/cm	模型	块金值 C_0	偏基台值 C_1	DSD/%	变程/m	交叉验证统计	
							平均标准误差 MSE	均方根误差 RMSE
a(200 m×200 m)								
MWD/cm	0~20	球面	0.153	0.052	74.47	218.91	0.432	0.456
	20~40	球面	0.166	0.089	64.98	140.77	0.480	0.476
b(40 m×40 m)								
MWD/cm	0~20	高斯	0.124	0.093	57.10	16.28	0.447	0.437
	20~40	高斯	0.163	0.055	74.93	48.00	0.441	0.446
c(200 m×200 m∪40 m×40 m)								
MWD/cm	0~20	高斯	0.171	0.139	55.18	142.70	0.450	0.463
	20~40	高斯	0.146	0.266	35.32	71.13	0.504	0.491

形成距离空间进一步增多和完备，从而导致分析后的变量多在全区域空间上呈现显著的空间自相关性，说明在新建立的距离空间上，变量的自相关性有很大程度的加强，这一点也会在增量空间自相关分析中得到相应的证实。

表 4-4　全局自相关的 Moran's I 值及检验统计量

土层分布/cm	d/mm	Moran's I 指数	$Z(I)$ 值	显著性 p 值	是否显著
a（200 m×200 m）					
0~20	$d>5$	−0.068	−0.179	0.858	否
	$3<d<5$	0.066	0.737	0.461	否
	$1<d<3$	0.007	0.331	0.741	否
	$0.25<d<1$	0.046	0.589	0.556	否
	$d<0.25$	0.108	1.034	0.301	否
	MWD	−0.036	0.042	0.967	否
20~40	$d>5$	0.062	0.715	0.475	否
	$3<d<5$	0.039	0.548	0.583	否
	$1<d<3$	−0.030	0.086	0.932	否
	$0.25<d<1$	0.134	1.193	0.233	否
	$d<0.25$	0.004	0.311	0.756	否
	MWD	0.042	0.576	0.565	否
b（40 m×40 m）					
0~20	$d>5$	0.124	1.147	0.251	否
	$3<d<5$	0.103	0.966	0.334	否
	$1<d<3$	0.299	2.316	0.021	否
	$0.25<d<1$	0.092	0.924	0.355	否
	$d<0.25$	0.166	1.398	0.162	否
	MWD	0.132	1.194	0.232	否

续表 4-4

土层分布/cm	d/mm	Moran's I 指数	$Z(I)$ 值	显著性 p 值	是否显著
b（40 m×40 m）					
20~40	d>5	-0.060	-0.123	0.902	否
	3<d<5	-0.159	-0.796	0.426	否
	1<d<3	-0.133	-0.637	0.524	否
	0.25<d<1	-0.150	-0.727	0.467	否
	d<0.25	-0.178	-0.942	0.346	否
	MWD	-0.084	-0.286	0.775	否
c（200 m×200 m∪40 m×40 m）					
0~20	d>5	0.165	3.550	0.000**	是
	3<d<5	0.177	3.746	0.000**	是
	1<d<3	0.154	3.315	0.001**	是
	0.25<d<1	0.129	2.853	0.004**	是
	d<0.25	0.044	1.220	0.222	否
	MWD	0.166	3.566	0.000**	是
20~40	d>5	0.230	4.766	0.000**	是
	3<d<5	0.103	2.342	0.019*	是
	1<d<3	0.009	0.572	0.568	否
	0.25<d<1	0.135	2.949	0.003**	是
	d<0.25	0.110	2.477	0.013*	是
	MWD	0.217	4.519	0.000**	是

注：“*”在 0.05 级别（双尾），相关性显著；“**”在 0.01 级别（双尾），相关性显著。

表 4-5 为各尺度下研究变量的 Moran′s I 指数与空间相关度 DSD 的相关性矩阵，结果表明，对于土壤的各级团聚体而言，反映其全局空间自相关性的 Moran′s I 指数与在半变异函数分析中所得到的空间相关度 DSD 没有显著的线性相关关系，但其变量的相关性系数主要呈现为负数，这与前一章分析土壤基本属性时所得到的结果相一致，但其相关性显著降低，这可能主要是因为各级团聚体在空间上并没有呈现出较一致的分布规律，故在半变异函数分析中所得到的各变量的空间相关度以及最大相关距离差异都较大（见表 4-2）。

表 4-5　各尺度下 Moran′s I 指数与空间相关度 DSD 的相关性矩阵

a（200 m×200 m）		b（40 m×40 m）		c（200 m×200 m∪40 m×40 m）	
DSD	Moran′s I 值	DSD	Moran′s I 值	DSD	Moran′s I 值
	−0. 497		0. 038		−0. 294

4. 2. 2. 2　增量空间自相关分析

图 4-4~图 4-6 为研究区各尺度下各级团聚体的增量空间自相关图，由图中点线图可知在分析尺度为 a 的情况下，各级团聚体的 Moran′s I 指数在不同分离距离上表现出不同，对于位于浅层土壤深度 0~20 cm 的土壤团聚体而言，其 Moran′s I 指数随分离距离的变化趋势主要呈现两种，即 Moran′s I 指数随空间距离增大而呈现出的“下降”或者“上升”的变化形态，其呈现第一种形态的变量主要为粒径 $d<0.25$ mm、1 mm$<d<$3 mm 的变量，由两者变量的 Moran′s I 指数可知，团聚体在 40~80 m 范围内主要呈现正相关关系，而在 80~115 m 范围内主要为负相关关系，但在全局上反映出来的却主要是正相关关系（见表 4-4）；而呈现“上升”变化趋势的两个变量为 $d>5$ mm 和 MWD，但其在空间各滞后距离上均表现为负相关关系，所以不难理解此二者在全局上也为负相关，分布有趋异性特征。而粒径分布于 3 mm$<d<$5 mm 和 0. 25 mm$<d<$1 mm 的两级团聚体，在空间任何距离上的相关性均不强，Moran′s I 指数总是在 $y=0$ 附近波动，全局自相关关系较弱（见表 4-4）。位于下层土壤深度为 20~40 cm 的土壤

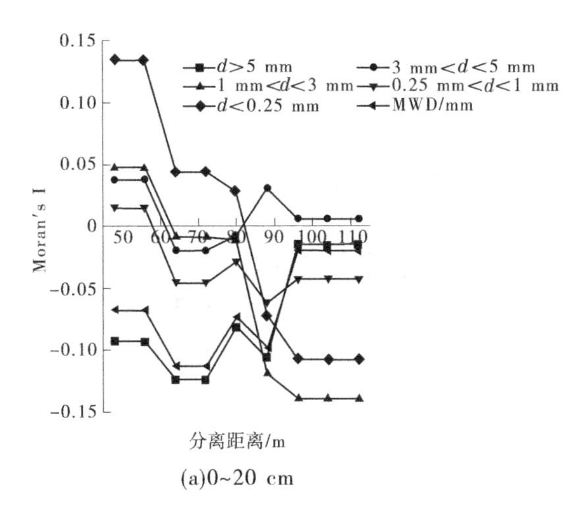

(a)0~20 cm

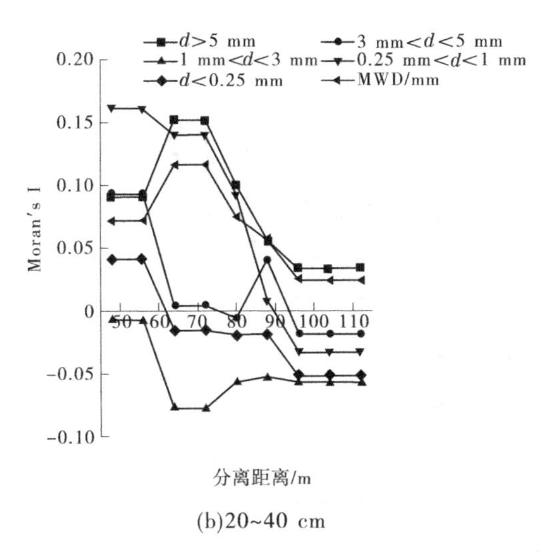

(b)20~40 cm

图 4-4　a（200 m×200 m）尺度下各级团聚体的增量空间自相关图

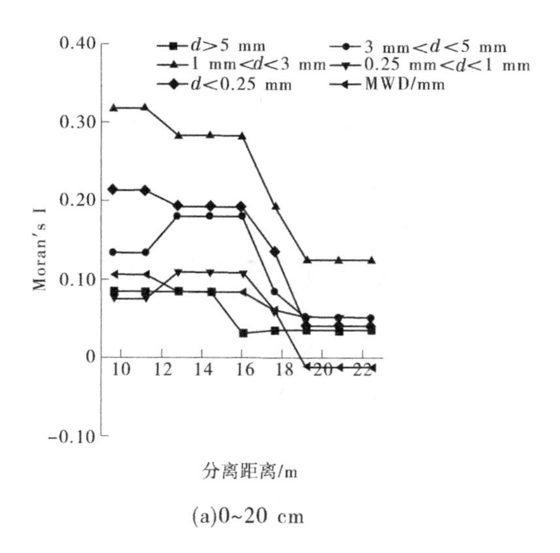

(a)0~20 cm

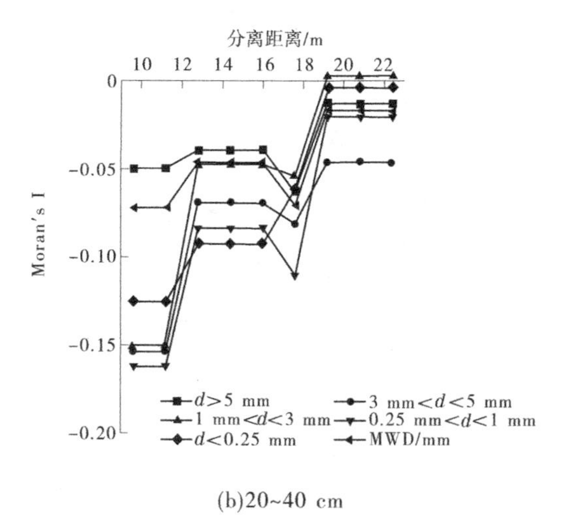

(b)20~40 cm

图 4-5　b（40 m×40 m）尺度下各级团聚体的增量空间自相关图

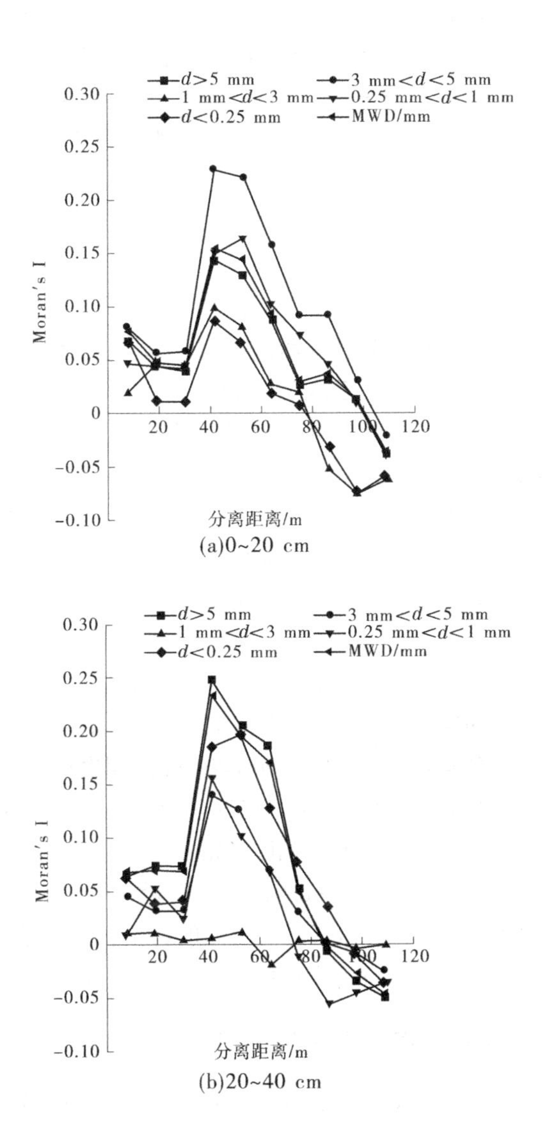

(a)0~20 cm

(b)20~40 cm

图4-6　c（200 m×200 m∪40 m×40 m）尺度下各级团聚体的增量空间自相关图

团聚体在不同距离上的 Moran′s I 值分布与浅层 0～20 cm 稍有不同，主要表现在 Moran′s I 指数在整个距离空间上均表现为下降趋势，其中粒级为 $d>5$ mm 和 0.25 mm$<d<$1 mm 的土壤团聚体以及 MWD 在空间上的正相关性特征较明显，其他 3 个变量则是在小距离上表现为正相关，越往后负相关关系越强，尤其是粒径 1 mm$<d<$3 mm 的团聚体更是在全局自相关分析中为负相关关系（见表 4-4），变量在空间上的分布有趋异性的趋势。

将取样面积缩小为原来的 1/25 倍后（b 尺度），其反映各变量增量空间自相关的 Moran′s I 值较前述结论有明显的不同，对于表层 0～20 cm 团聚体而言，主要表现为各分离距离上的 Moran′s I 指数均有不同幅度的上升，导致其在全部距离上表现为正相关关系，相应的全局 Moran′s I 指数也全为正。而对于亚表层 20～40 cm 的土壤团聚体，Moran′s I 指数的变化正好向相反方向进行，致使其在全距离空间上均为负相关关系，全局 Moran′s I 指数也均为负值。说明在此研究区域上很多变量均有趋异性分布的特征，这个结果与变异函数分析中的结果相互照应。

在样点合并的 c 尺度下，对于表层 0～20 cm 的团聚体而言，小尺度距离上的 Moran′s I 值向减小的方向发展，而大尺度距离上的 Moran′s I 值则是相应增大。分布于 20～40 cm 的团聚体的 Moran′s I 值在整个全距离上都有所增大，点线分布均呈倒“V”字形特征，正相关关系得到明显加强，故在全局自相关 Moran′s I 值的检验当中，多数变量达到了极显著性的水平（$p<0.01$），但粒径为 1 mm$<d<$3 mm 的团聚体则是在空间分布上表现为随机性较强的特征，其增量空间自相关与其全局空间自相关的 Moran′s I 指数均接近于 0（见表 4-4）。

4.2.3　各级团聚体含量的空间分布

图 4-7 为浅层土壤深度 0～20 cm 以及 20～40 cm 的各级团聚体在研究区上的空间分布。在浅层 0～20 cm 内，各级团聚体的分布主要呈现两大特征，对于粒径 $d>3$ mm 团聚体而言，在研究区主要呈现出东北高、三面低的分布特点，且高值的区域具有单一集聚特征，其形

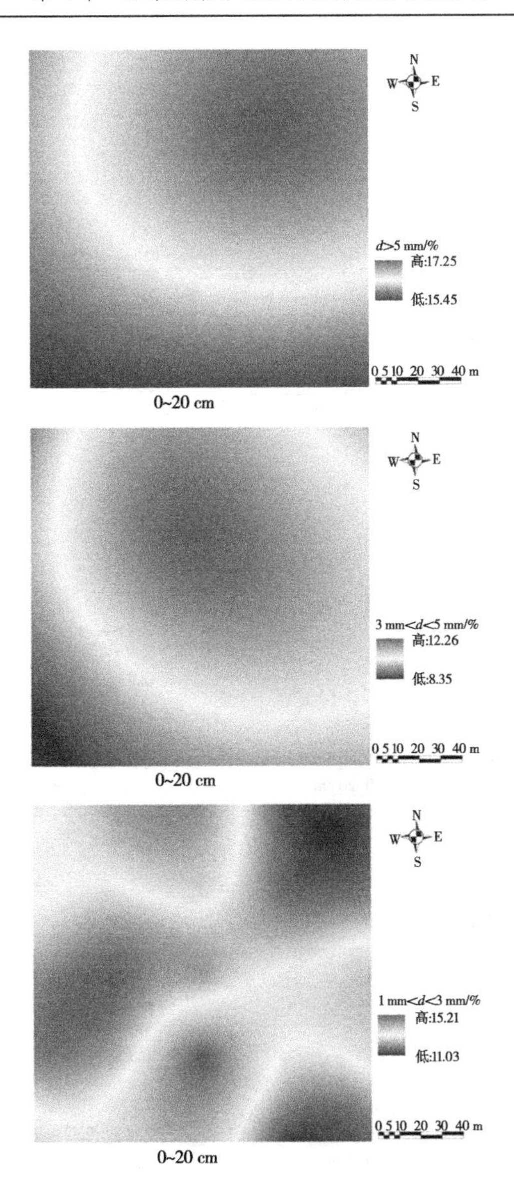

图 4-7　各级团聚体含量的空间分布

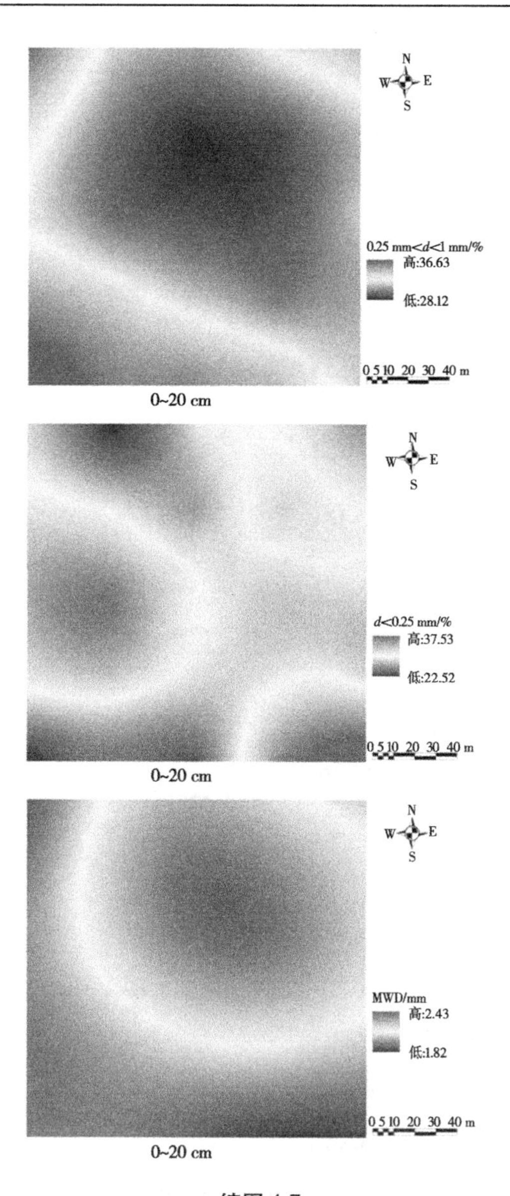
N
W
E
S
0.25 mm<d<1 mm/%
高:36.63
低:28.12
0 5 10 20 30 40 m
0~20 cm
d<0.25 mm/%
高:37.53
低:22.52
0 5 10 20 30 40 m
0~20 cm
MWD/mm
高:2.43
低:1.82
0 5 10 20 30 40 m
0~20 cm

续图 4-7

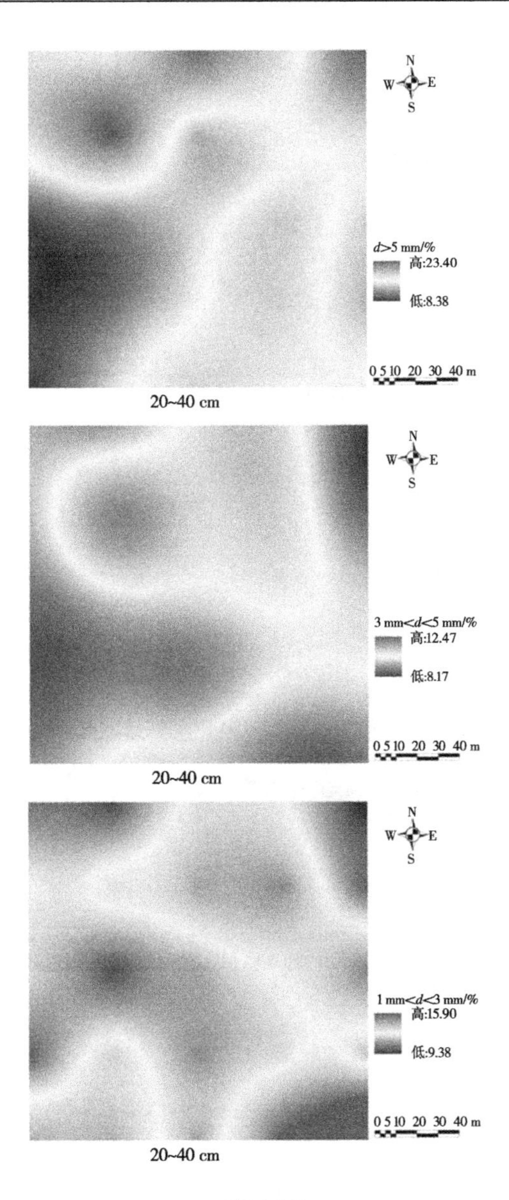
N
W
E
S
d>5 mm/%
高:23.40
低:8.38
0 5 10 20 30 40 m
20~40 cm
N
W
E
S
3 mm<d<5 mm/%
高:12.47
低:8.17
0 5 10 20 30 40 m
20~40 cm
N
W
E
S
1 mm<d<3 mm/%
高:15.90
低:9.38
0 5 10 20 30 40 m
20~40 cm

续图 4-7

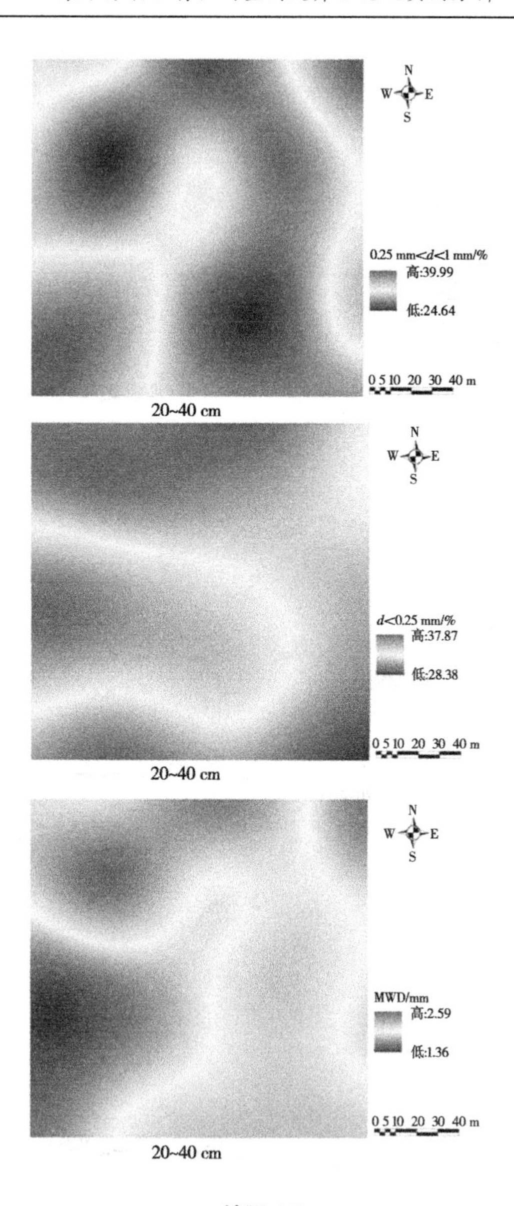
N
W
E
S
0.25 mm<d<1 mm/%
高:39.99
低:24.64
0 5 10 20 30 40 m
20~40 cm
N
W
E
S
d<0.25 mm/%
高:37.87
低:28.38
0 5 10 20 30 40 m
20~40 cm
N
W
E
S
MWD/mm
高:2.59
低:1.36
0 5 10 20 30 40 m
20~40 cm

续图 4-7

状呈椭圆状，且中间值以上区域占绝大部分，此分布说明该土层内大团聚体的分布在空间上并非完全随机，而是有一定空间集聚效应。而粒级为 1 mm$<d<$3 mm 的团聚体在空间上的分布则没有明显的区位特征，但其在东北—西南方向上的含量要整体低于其两侧的水平。另外两个较小级别的团聚体在空间上的分布则与前两种分布趋势相反，具体表现为其粒径 0.25 mm$<d<$1 mm 的团聚体含量高的地方，粒径 $d>$3 mm 团聚体则低；而粒径 $d<$0.25 mm 的团聚体含量低的地方，粒径 1 mm$<d<$3 mm 团聚体则高。反映水稳定性团聚体平均含量水平的平均质量直径（MWD）在研究区上的分布与其大团聚体（$d>$3 mm）分布相一致，说明该层土壤中的 MWD 主要是受到大团聚体含量及粒径的影响，即表明该层土壤中团聚体的含量水平是比较高的。

观察图 4-7 可知，下层土壤中各级团聚体在研究区上的分布相较上层而言有明显的不同，主要表现为其分布上有明显的斑块特征，低值区域与高值区域相互镶嵌其中，没有明确可见的方位趋势性，各值段的分布区域在空间上较随机，没有明晰可见的集聚效应。同时，通过观察反映该土层团聚体的平均质量直径（MWD）可发现，其空间的分布主要与粒径为 0.25 mm$<d<$1 mm 的团聚体相一致，说明其该土层的平均质量直径（MWD）主要是受较小级别团聚体的直接影响，故其进一步证实该土壤中团聚体的含量水平低于浅层 0～20 cm 内团聚体的含量水平，有此现象的产生，其原因在第一部分数据的描述性统计分析中已有完整阐述，这里则不再赘述。

4.3　小　结

基于经典统计学和空间统计学理论首先对研究区上的各级土壤团聚体的空间分布进行了传统统计分析，其次则是利用 ArcGIS 中的地统计模块和空间统计工具对其区域化变量进行半变异函数和空间相关性分析，最后采用普通克里格法对其变量的空间分布进行了插值预测。得到以下结论：

(1) 团粒直径位于 1 mm 以下的土壤团聚体含量最高，其含量在团聚体总的含量中基本占据一半以上，且分布于浅层土壤深度 0~20 cm 内的较大水稳定性团聚体（d>1 mm）含量要明显比下层土壤中含量高；研究区各级土壤团聚体分布在空间上基本都呈现出中等的空间变异特征。各级团聚体的变异系数随粒级的递减而呈现递减趋势，小团聚体含量在空间上的分布较均衡，异质性较弱，直径较大的团聚体在空间分布上呈现出明显的空间差异；除少数团聚体变量在空间上表现为对数正态分布外，多数为正态分布。

(2) 在各尺度下，各级团粒在空间上多为中等空间依赖性，但分布于土层 20~40 cm 的土壤团聚体在 b 尺度多呈现为纯块金效应，无最大相关距离，分布呈独立状态。两个土层中只有微团聚体在空间上的最大相关距离较一致，而其他各级团聚体在上下两层之间差异较大。

(3) 各粒级的团聚体以及平均质量直径在所分析的全局空间上多呈正相关关系，仅有位于土壤深度 20~40 cm 内的各级团聚体在 b 尺度上表现为负相关关系。结果表明，在距离为 40 m 的采样间距时，所得到的结果与取样幅度为 40 m×40 m、采样距为 8 m 时的结果相一致，即变量在研究区域上没有显著的空间自相关关系，说明在此取样距的情况下，全局的空间自相关均被不同程度地掩盖，而当对其样点进行合并分析时，由于新生成了许多不同距离的数据对，使之区域里点对距离所形成距离空间进一步增多和完善，从而导致分析后的变量多在全区域空间上呈现显著的空间自相关性，表现在新建立的距离空间上，变量的自相关性加强。

(4) 浅层 0~20 cm 土壤中的团聚体平均质量直径主要受到大团聚体含量及粒径分布的影响，而在土层 20~40 cm 内，其团聚体平均质量直径则主要是受较小级别土壤团聚体的直接影响。这个结果说明在土壤团聚体含量水平上，0~20 cm 层土壤中团聚体的含量水平明显高于 20~40 cm 土壤层的水平。

第5章　土壤水分参数与导水率的空间变异及自相关分析

土壤水的基质势或土壤水吸力是随土壤含水率而变化的，两者的关系曲线被定义为土壤水分特征曲线，而饱和导水率则是表示空隙介质透水性能的综合比例系数，即单位梯度下的通量或渗透流速，其数值被定义为饱和导水率。土壤水分特征曲线作为反映土壤含水率与吸力之间关系的有效工具，其不仅反映了土壤的持水性能和有效性，也间接地反映出土壤中孔隙的分布，对揭示研究区田间土壤水分的有效性、土壤水分运动以及溶质运移等有着重要的基础作用，尤其是在应用数学物理方法对土壤中的水分运动以及溶质运移进行定量分析时，土壤水分特征曲线及饱和导水率 K 都为必不可少的重要的理论参数[19,96-100]。

测定土壤水分特征曲线一般常用的方法有离心机法、张力计法、压力膜仪法、平衡水汽压法、砂芯漏斗法、沙箱法、蒸发法以及露点水势仪法等，而试验最常见的有压力膜仪法、离心机法和张力计法，其各具有优缺点。本试验为使测量数值较准确地反映田间的真实情况，故采用量程较大、精度较高的压力膜仪对田间所取的样品进行测试，历时共计5个月完成。

5.1　各样点的土壤水分特征曲线形态

研究区各样点的土壤水分特征曲线如图5-1所示，由图5-1可知，在两个不同取样的范围内，各样点土壤水分特征曲线形态之间没有明显的差异。所有样点的土壤水分特征曲线形态呈现出基本的一致性，大致为“L”形特征，这与前人对许多不同区域或不同影响条件

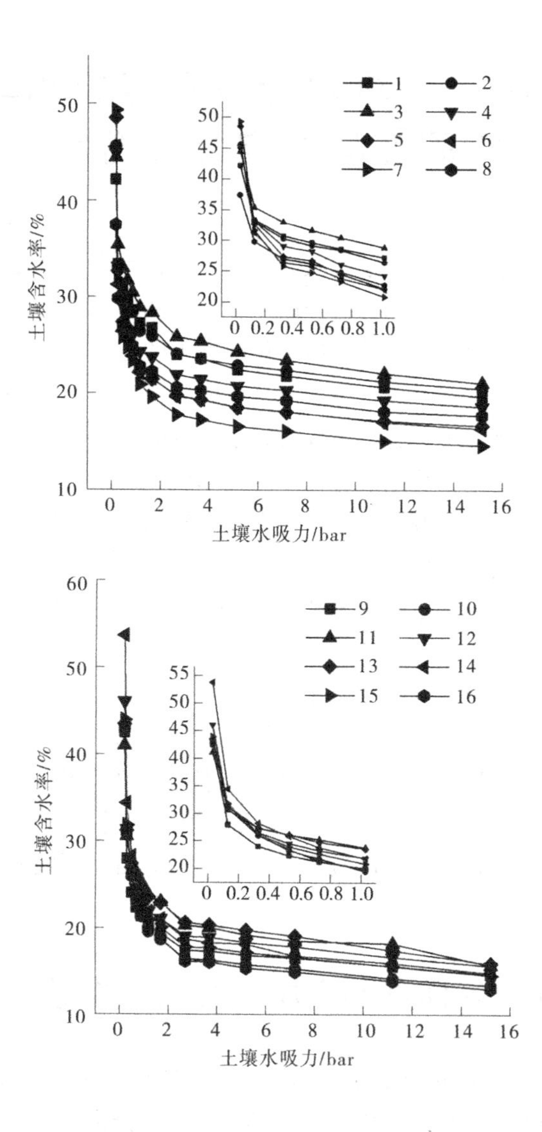

图 5-1　研究区各样点的土壤水分特征曲线

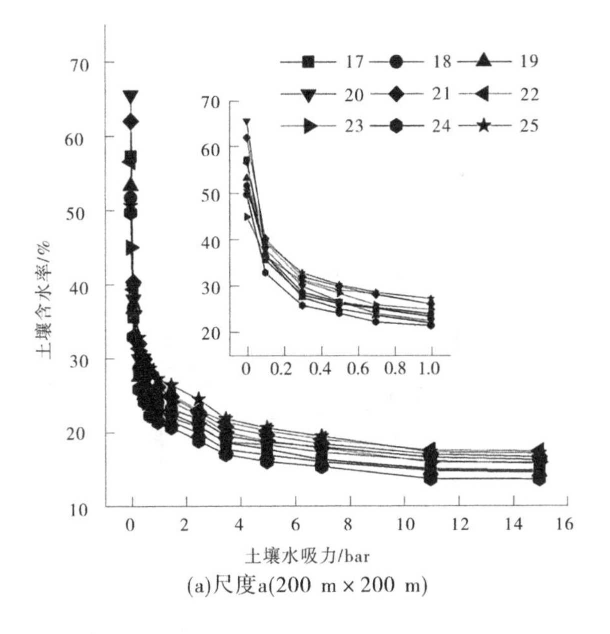

(a)尺度a(200 m×200 m)

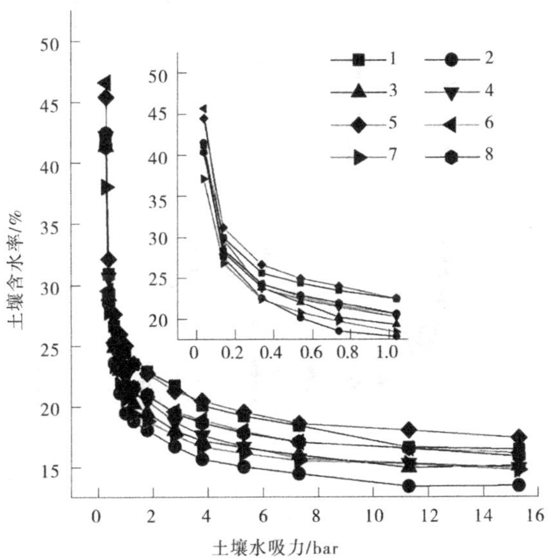

续图 5-1

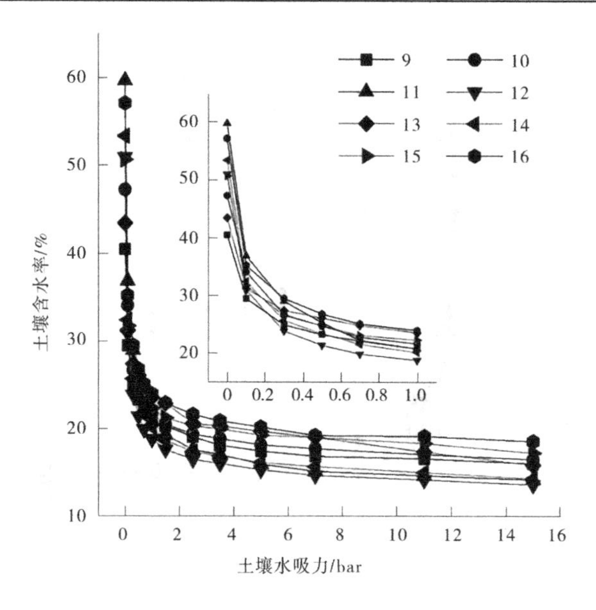

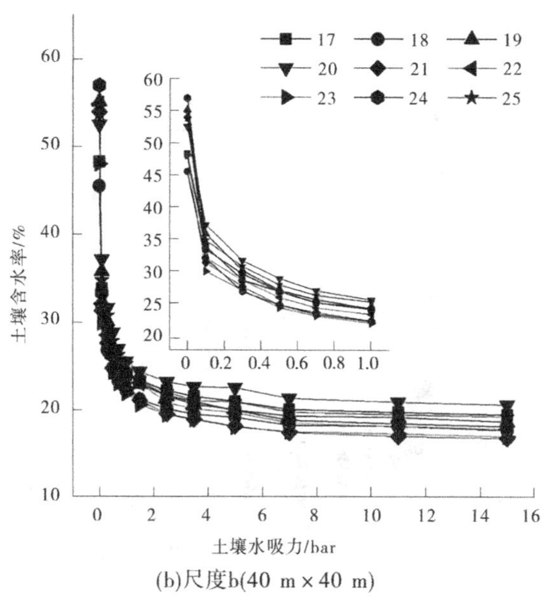

(b)尺度b(40 m×40 m)

续图 5-1

的土壤水分特征曲线进行测试所得到的结果是基本一致的[80,101-104]。另外还有一个明显的特征就是所有样点的土壤水分特征曲线在土壤水吸力为0~1 bar时下降十分明显，这是因为在土壤水吸力小于1 bar时，土壤水释放主要为大空隙排水，这里的大空隙主要是指土壤的通气空隙和毛管空隙，这类空隙都具有排水速度快、持水性弱的特点，所以导致土壤水含量迅速下降。由于各点土壤中各类空隙的大小以及多少分布不均，导致各点土壤的比水密度在空间上呈现出明显变异的特点，具体表现在图中的土壤含水量在同样的水吸力范围内下降的幅度不一。而且由图5-1可知，研究区各样点之间差异分布较显著的为各样点在低吸力下的土壤含水率，同时这种差异随着土壤水吸力的增大而呈现出减小的趋势，这种情况说明，分布于研究区土壤深度20~30 cm的土壤大空隙在空间上有明显的空间变异性，而土壤中的中小空隙数量在研究区上的差异没有大空隙那样明显。结果表明，在相同体积的土壤中，无效空隙的数量在研究区上分布较均一，图5-1上体现为在土壤水吸力为15 bar的情况下，各点土壤含水量之间的差异较小。

5.2　土壤水分参数及导水率的描述统计

为了对其土壤水分特征曲线的形态进行量化分析，且由于Van Genuchten模型适用的土壤质地范围较广[79]，故这里一致采用V-G模型对其所有样点的持水曲线进行拟合，并得到相应持水曲线的特征参数，其参数的统计分布如表5-1所示。这里任意选取了两个样点的持水曲线作为拟合效果参考（见图5-2），由图5-2可看出曲线的拟合效果良好，其各自曲线的拟合优度R^2均大于0.995，且图5-2表明，实测点基本上都落在了拟合曲线上，说明用此拟合曲线去揭示整个土壤的持水性能是有参考价值的，可利用其对其他土壤水势下的土壤含水率进行合理的推测，以期为后面的工作提供可预见性的指导。

表 5-1　土壤水分相关参数的统计特征描述

变量	土层分布/cm	最小值	最大值	平均值	中位数	标准偏差	变异系数/%	偏度	峰度	数据转化类型	K-S 检验 p 值	分布类型
a(200 m×200 m)												
α	20~30	2.63	22.38	7.37	6.78	4.29	58.23	2.00	5.47	无	0.846	对数正态
n		1.10	1.36	1.22	1.22	0.08	6.30	0.12	-0.82	无	0.982	正态
θ_s/%		37.47	65.72	48.31	45.63	6.83	14.14	0.97	0.61	无	0.298	正态
θ/%		24.08	33.00	28.41	27.68	2.47	8.68	0.45	-0.78	无	0.682	正态
θ_r/%		13.02	21.07	16.27	15.93	2.07	12.73	0.76	0.26	无	0.855	正态
f/%		33.82	46.69	39.94	39.70	3.79	9.49	0.16	-0.89	无	0.981	正态
K_s/(cm/d)	20~30	3.32	342.57	63.15	20.58	85.63	135.59	1.99	3.77	Ln	0.727	对数正态
	40~50	4.40	198.32	40.88	25.32	46.41	113.53	2.59	6.70	Ln	0.842	对数正态

续表 5-1

变量	土层分布/cm	最小值	最大值	平均值	中位数	标准偏差	变异系数/%	偏度	峰度	数据转化类型	K-S 检验 p 值	分布类型
b(40 m×40 m)												
α	20～30	2.63	23.86	9.12	5.64	6.15	67.40	1.32	0.87	无	0.226	对数正态
n		1.11	1.47	1.29	1.29	0.10	7.56	0.00	-0.85	无	0.733	正态
θ_s/%		39.98	59.78	49.12	48.32	5.56	11.32	0.16	-1.03	无	0.811	正态
θ/%		23.90	31.63	27.64	27.23	1.90	6.86	0.18	-0.37	无	0.827	正态
θ_r/%		13.70	20.60	17.29	17.32	1.70	9.83	-0.35	-0.07	无	0.944	正态
f/%		33.97	48.28	41.58	42.95	3.67	8.83	-0.34	-0.35	无	0.450	正态
K_s/(cm/d)	20～30	7.68	101.25	38.56	30.96	27.05	70.14	1.22	0.69	Ln	0.947	对数正态
	40～50	14.40	101.20	37.89	29.33	23.04	60.81	1.57	2.04	Ln	0.771	对数正态

续表 5-1

变量	土层分布/cm	最小值	最大值	平均值	中位数	标准偏差	变异系数/%	偏度	峰度	数据转化类型	K-S 检验 p 值	分布类型
c(200 m×200 m∪40 m×40 m)												
α	20~30	2.63	23.86	8.25	6.72	5.32	64.54	1.62	2.23	log	0.588	对数正态
n		1.10	1.47	1.26	1.25	0.09	7.50	0.27	-0.61	无	0.899	正态
θ_s/%		37.47	65.72	48.71	47.72	6.18	12.68	0.63	-0.05	无	0.330	正态
θ/%		23.90	33.00	28.03	27.45	2.21	7.89	0.48	-0.35	无	0.382	正态
θ_r/%		13.02	21.07	16.78	16.75	1.94	11.58	0.18	-0.49	无	0.980	正态
f/%		33.82	48.28	40.76	40.64	3.78	9.29	-0.09	-0.83	无	0.450	正态
K_s/(cm/d)	20~30	3.32	394.77	58.25	30.07	80.30	137.86	2.78	8.26	Ln	0.741	对数正态
	40~50	4.40	198.32	39.38	27.53	36.29	92.15	2.81	9.27	Ln	0.765	对数正态

注：α、n 分别为持水曲线的进气值和形状系数，而 θ_s、θ、θ_r、f、K_s 则分别为土壤的饱和含水率、田间持水量、残余含水量、土壤孔隙度以及饱和导水率。

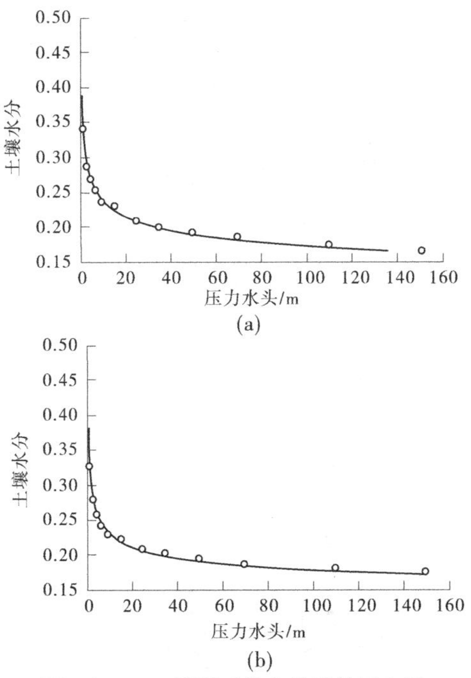

图 5-2　V-G 模型对持水曲线的拟合图

表 5-1 中相关参数的统计特征结果展示出在不同的尺度下，对于大多数变量而言，其数据分布类型都基本符合正态分布特征，而只有少数变量在研究区上的分布呈现较严重的偏态分布，且均为右偏，这说明数据集多为受到较少部分偏大值的影响，从而偏离了整个数据集的中心，出现这种较一致的右偏现象是变量在空间上的具体分布与实验系统误差综合的结果。同时，表 5-1 明显反映出对于饱和导水率以及 V-G 模型的进气值而言，它们在各个分析尺度下均服从对数正态分布(见图 5-3，以 a 尺度为例)，这与前面许多研究者[27, 42, 50, 52, 105, 106] 所指出的对于大多数土壤来说，饱和导水率在空间上一般呈对数正态分布的结论相吻合。

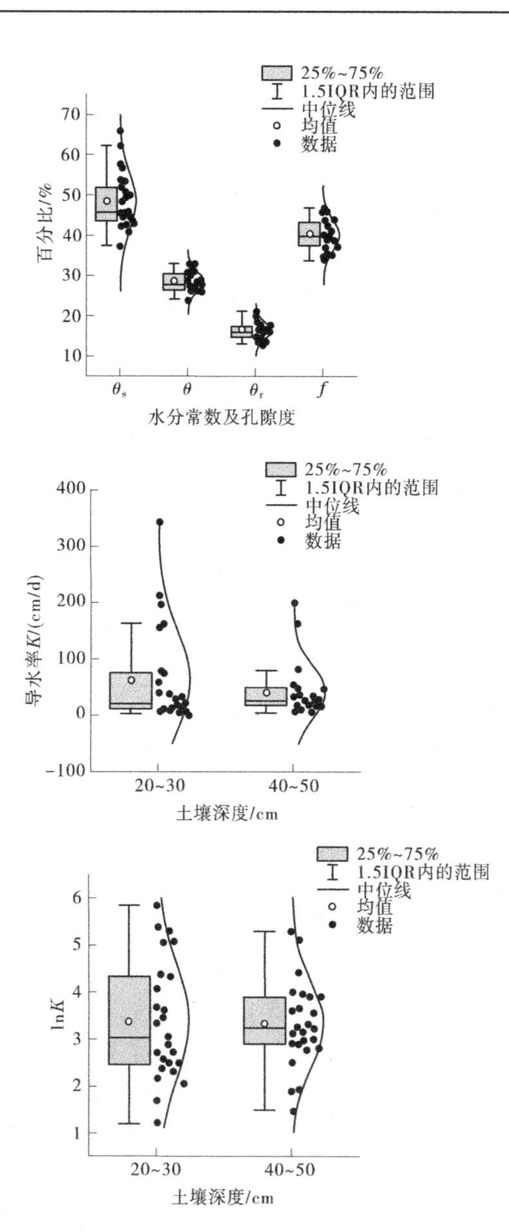

图 5-3　土壤水分常数及导水率的分布

表中变异系数反映的是数据的平稳情况，结果表明作为反映土壤持水有效性的几个重要参数，如饱和含水率（θ_s）、田间持水量（θ）以及凋萎系数（θ_r）等在各研究尺度上均成中等或弱的空间变异程度，其中田间持水量（θ）在空间上的变异情况最弱，其变异系数均接近于0.1。同时反映土壤通气、密实状况的孔隙度（f）以及反映土壤水分特征曲线几何形态的V-G模型参数n也在空间上表现为弱的空间变异。对于在空间上呈现对数正态分布类型的进气值α和饱和导水率K_s变量而言，在分析尺度为b的情况下，变量在空间上主要表现为中等的空间变异，其各自的变异系数主要介于0.55~0.75，而另外两个尺度下的饱和导水率则均呈现很强的空间变异特征，变异系数多大于1。以上结果说明，对于反映土壤空隙结构属性的变量，其在研究区深度20~30 cm土壤内的变异程度基本都呈现出较弱的总趋势，这个结论与前面分析的土壤密度变量在研究区上的情况相一致，由于影响土壤密度大小的直接因素是土壤的空隙结构，所以土壤的空隙情况与土壤密度分布情况应该相一致。

5.3　空间统计学分析

5.3.1　变异函数分析

表5-2、表5-3为土壤水分及水动力参数的半变异函数分析结果，其变量的半方差函数分布由图5-4给出（仅以a尺度为例）。结果表明，通过变异函数的交叉验证结果发现，多数研究变量的半方差函数分布在各尺度上都对球面模型和高斯模型符合度较高，仅有少量变量在空间上呈现为纯块金模型，无空间自相关性，在研究区上表现出完全随机的分布。

空间相关度（DSD）作为衡量变量对空间依赖程度大小的重要参数，其具有重要的实际意义，表中各变量的DSD表明，除几个在空间上表现为完全无空间自相关以及强的空间依赖性（DSD<0.25）的变量外，其他多数变量在各自研究的尺度上都呈现中等的空间依赖性，其空间相关度DSD多介于0.25~0.75。

表 5-2　土壤水分常数及孔隙度的半方差函数分析及交叉验证统计

变量	土层分布/cm	模型	块金值 $C_0/10^{-4}$	偏基台值 $C_1/10^{-4}$	DSD[$C_0/(C_0+C_1)$]/%	变程/m	交叉验证统计	
							平均标准误差 $MSE/10^{-2}$	均方根误差 $RMSE/10^{-2}$
a(200 m×200 m)								
θ_s	20~30	球面	8.835	63.017	12.30	240.00	5.104	5.397
θ		球面	2.811	4.123	40.54	150.90	2.240	2.414
θ_r		高斯	2.365	3.217	42.37	177.70	1.775	1.784
f		块金	14.357	0.000 7	100.00	0.00	3.937	3.939
b (40 m×40 m)								
θ_s	20~30	高斯	11.661	26.391	30.64	26.39	4.346	4.238
θ		高斯	1.183	2.696	30.50	15.52	1.730	1.692
θ_r		球面	1.247	1.878	39.92	15.52	1.742	1.697
f		高斯	10.980	5.733	65.70	48.00	3.571	3.651
c (200 m×200 m∪40 m×40 m)								
θ_s	20~30	球面	2.777	30.605	8.32	23.50	5.349	4.828
θ		球面	0.478	3.254	12.81	16.28	1.915	2.034
θ_r		球面	2.343	2.064	53.16	103.17	1.838	1.844
f		高斯	10.883	5.848	65.05	45.91	3.954	3.993

表 5-3　V-G 模型拟合参数以及导水率的半变异函数分析及交叉验证统计

变量	土层分布/cm	模型	块金值 C_0	偏基台值 C_1	DSD[C_0/(C_0+C_1)]/%	变程/m	交叉验证统计	
							平均标准误差 MSE/10^{-2}	均方根误差 RMSE/10^{-2}
a(200 m×200 m)								
α	20~30	块金	18.094	0.000	100.00	0.00	4.436	4.446
n	20~30	高斯	0.004	0.002	63.83	146.19	0.073	0.009
K	20~30	高斯	0.647	1.587	28.97	240.00	123.083	64.963
K	40~50	块金	0.805	0.000	100.00	0.00	52.571	49.262
b(40 m×40 m)								
α	20~30	球面	0.183	0.165	52.58	15.52	5.852	6.130
n	20~30	球面	0.004	0.007	35.22	17.58	0.097	0.098
K	20~30	高斯	0.661	0.243	73.14	48.00	52.448	77.573
K	40~50	块金	0.280	0.000	100.00	0.00	22.636	24.108
c(200 m×200 m∪40 m×40 m)								
α	20~30	球面	0.245	0.090	73.02	16.28	5.682	5.593
n	20~30	高斯	0.006	0.005	53.18	16.28	0.104	0.082
K	20~30	高斯	0.743	1.582	31.97	226.27	80.187	72.293
K	40~50	高斯	0.267	0.483	35.57	64.56	33.233	40.752

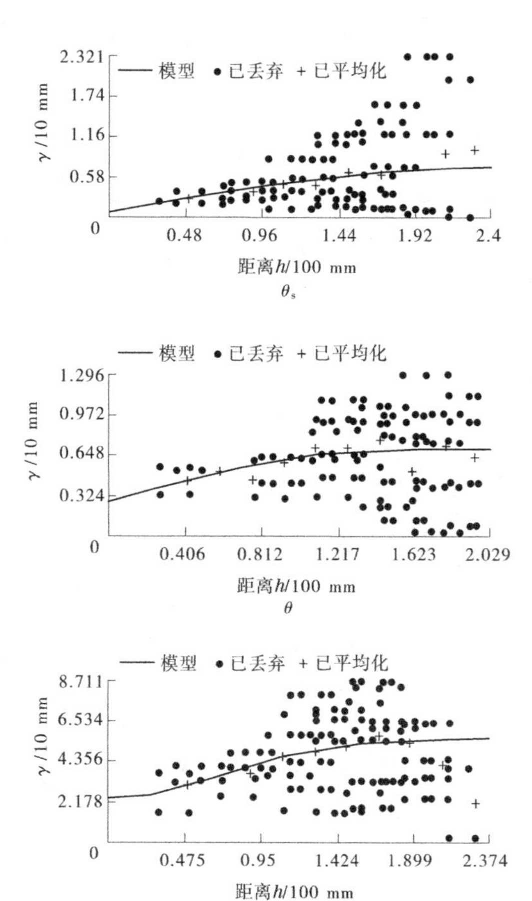

图 5-4　土壤水分及导水率的半方差函数

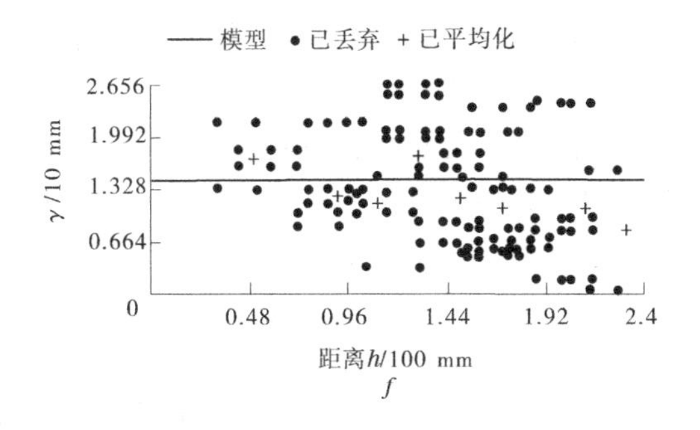

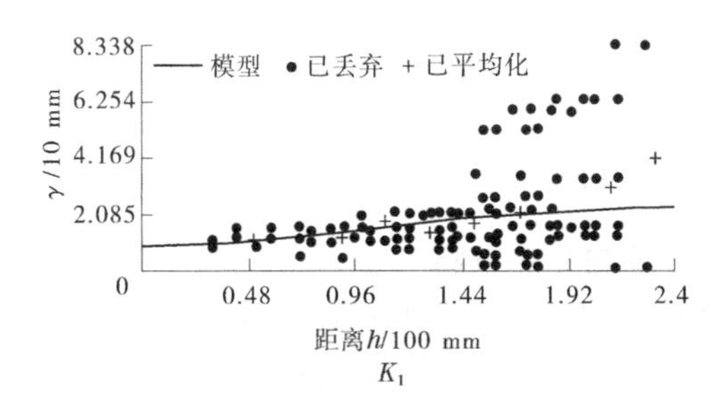

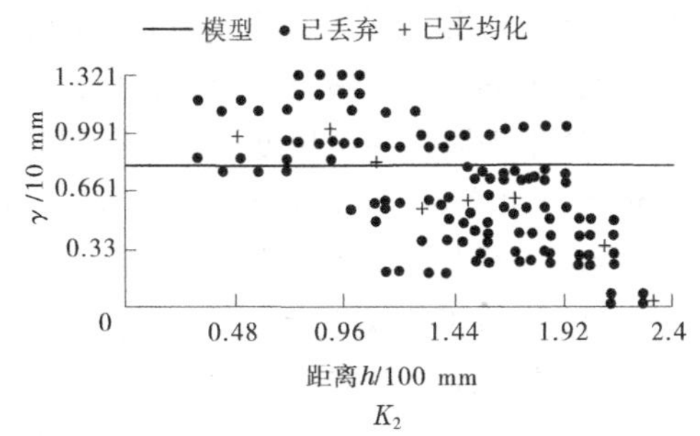

续图 5-4

在空间相关性距离方面，其各尺度之间的差异较明显，在 a 尺度下，除土壤孔隙度、进气值 α 以及土壤深度 40～50 cm 内的饱和导水率 K_s 在空间上均表现纯随机分布，无有效变程外，其他变量的相关距离基本都偏大，接近于研究尺度上最大距离的 2/3。而在 b 尺度下，多数变量都有最大相关距离，且由土壤水分特征曲线导出的各参数的最大相关距离都基本接近，大致介于15~18 m，为研究尺度最大距离的1/3。c尺度下各变量均有最大相关距离且大小多与b尺度相近，这里不再赘述，见表5-2、表5-3。

对于前面变异函数三个方面的阐释可发现，各尺度之间变量的半方差函数模型以及变量的空间相关度均没有明显一致和减弱或增强的趋势，呈现出较随机的特征，甚至有研究变量还会出现在这一尺度上有空间自相关的特征，而在另一尺度上就表现为完全随机，如a、b尺度上的进气值 α 变量。而对于变量的空间相关距离而言，随着采样幅度与采样间距的共同减小，空间相关距离均表现出明显减小的趋势，而对于将两尺度合并后，当小尺度有确定的最大相关的距离时，则各变量的变程主要接近于小尺度的变程。

5.3.2　空间相关性分析

5.3.2.1　全局空间自相关分析

表5-4为研究变量的全局自相关的Moran′s I值及检验统计量，其相关统计量及假设检验结果表明多数变量在各尺度上呈现出正相关关系，只有少数呈现出负的相关关系，其Moran′s I指数为负值，表明这些变量在空间上并不具有空间聚类的分布特征，而是有趋异性分布趋势。同时显著性结果表明，在a尺度下，只有凋萎系数（θ_r）和20~30 cm土层的饱和导水率 K_s 在尺度上具有显著的正相关性，呈现出空间聚类分布的特征；而在b尺度上则只有饱和含水率（θ_s）和田间持水量（θ）具有显著的正相关关系，表现为空间聚类的分布趋势；另外c尺度上，仅有土壤水分特征曲线的形状系数 n 以及饱和含水率（θ_s）和田间持水量（θ）在空间上表现出显著的空间正相关关系，有空间上聚类分布趋势，其他变量则均无显著的相关关系。这个结果与前两章所研究的变量有所不同，主要表现在前两章研究变量在c尺度上基本都呈现出极显著的正相关关系，而对于本章所研究的参数却并没有与之相一致的特点，反而是相反，多数变量呈现无显著的自相关关系，这主要在于这些无显著自相关性变量在各研究尺度上的变异系数均较大，才呈现出趋异性的分布特征。

表 5-4　全局自相关的 Moran's I 值及检验统计量

变量	土层分布/cm	Moran's I 指数	$Z(I)$ 值	显著性 p 值	是否显著
a（200 m×200 m）					
α	20~30	-0. 074	-0. 246	0. 806	否
n		0. 157	1. 340	0. 180	否
θ_s		0. 397	3. 036	0. 002	否
θ		0. 155	1. 321	0. 186	否
θ_r		0. 281	2. 219	0. 026	是
f		-0. 224	-1. 225	0. 220	否
K	20~30	0. 328	2. 735	0. 006	是
	40~50	-0. 248	-1. 643	0. 100	否
b（40 m×40 m）					
α	20~30	0. 160	1. 403	0. 161	否
n		0. 105	0. 986	0. 324	否
θ_s		0. 422	3. 105	0. 002	是
θ		0. 275	2. 146	0. 032	是
θ_r		0. 167	1. 425	0. 154	否
f		-0. 005	0. 247	0. 805	否
K	20~30	-0. 117	-0. 982	0. 326	否
	40~50	-0. 066	-0. 173	0. 863	否
c（200 m×200 m∪40 m×40 m）					
α	20~30	0. 016	0. 693	0. 488	否
n		0. 152	3. 267	0. 001	是
θ_s		0. 142	3. 081	0. 002	是
θ		0. 077	1. 845	0. 065	是
θ_r		0. 032	0. 987	0. 237	否
f		0. 040	1. 149	0. 251	否
K	20~30	-0. 008	0. 250	0. 803	否
	40~50	-0. 034	-0. 283	0. 777	否

5.3.2.2 增量空间自相关分析

图 5-5~图 5-7 为各水分常数及持水曲线参数在不同研究尺度上的增量空间自相关分布曲线图，从图中明显可以看出，在分析尺度为 a 的情况下，分布于土壤深度 20~30 cm 的导水率在空间不同分离距离下均呈现正相关特征，所以在全局自相关分析中该变量呈现出显著

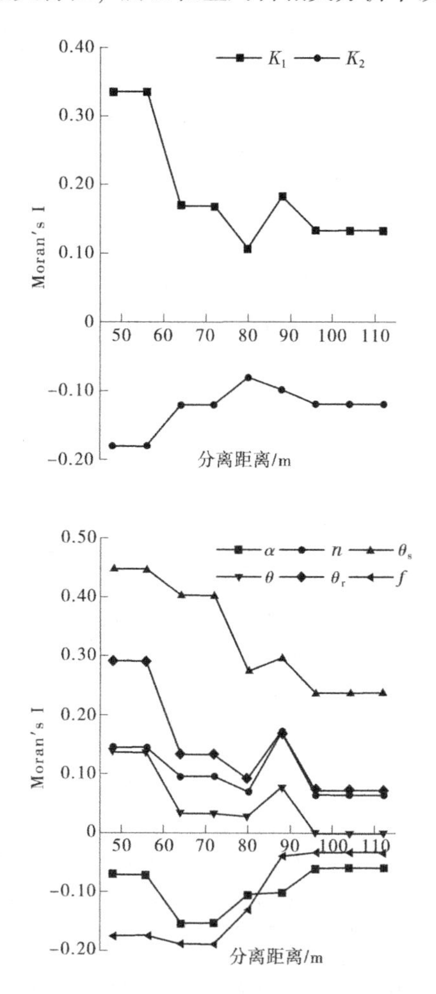

图 5-5 a（200 m×200 m）尺度下各水分参数的增量空间自相关图

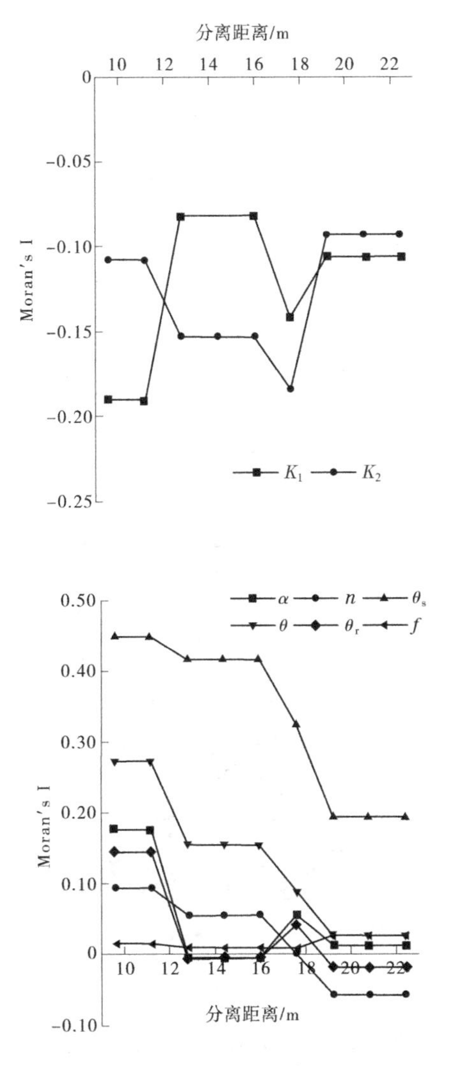

图 5-6　b（40 m×40 m）尺度下各水分参数的增量空间自相关图

的正相关关系，说明其在不同空间距离上都有聚集性分布的趋势。而分布于 40~50 cm 的导水率则正好相反，均表现为负相关关系，进一步证实了全局自相关分析中 Moran's I 值为负的结论，但其在各滞后

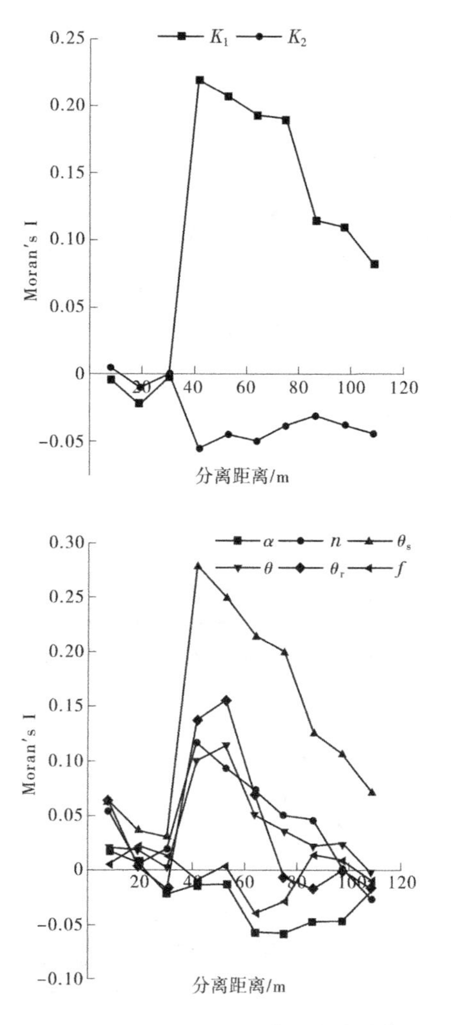

图 5-7　c（200 m×200 m∪40 m×40 m）尺度下各水分参数的增量空间自相关图

距离下的相关性并不强，故在全局自相关分析中并不显著。而对于饱和含水率（θ_s）、田间持水量（θ）及凋萎系数（θ_r）等较常见的水分常数而言，其在全距离空间上呈正相关关系，但其 Moran′s I 值随距离的增大而减小，正相关性减弱。反映持水曲线特征的 n 和 α 值的

Moran′s I 指数则是在全距离空间上呈相反关系，故 n 的全局自相关的 Moran′s I 值为正，其 α 的 Moran′s I 值为负，且土壤孔隙度在全距离空间上的 Moran′s I 与 α 的 Moran′s I 值相一致，均为负相关关系，说明二者在该研究区域上呈现趋异性的分布趋势。

在分析尺度为 b 时，上下两层的导水率在全距离空间上的 Moran′s I 值均为负，说明在该尺度下，导水率在空间上主要表现为负相关关系，其他变量除饱和含水率（θ_s）和田间持水量（θ）在空间上主要表现为正相关关系外均无明显的正负相关关系，其 Moran′s I 指数分布曲线在全距离上均与 x 轴靠近。

在两尺度合并为 c 的情况下，对其参数的结果与前述两章结果稍有不同，主要表现为在各分离距离上的 Moran′s I 指数的绝对值较前两个尺度都有明显减小，小尺度上减小的幅度较大。除形状系数 n、饱和含水率（θ_s）以及田间持水量（θ）的正相关关系有加强，在全区域尺度上呈显著正相关关系外，其他变量则是向不相关的分布特征靠近。

5.3.3　土壤水分常数及导水率的空间分布

图 5-8 为研究区部分重要的土壤水分常数和导水率的空间分布图，由图 5-8 可知土壤饱和含水率（θ_s）、田间持水量（θ）、凋萎系数（θ_r）在空间上的分布情况大体相似，具体表现为在东西方向上呈现出一条大致为整个区域宽度 4/5 的低值条带区域，而南北端为显著的高值区域，其饱和含水率最大值区域位于研究区上的西北角，其整个变化趋势是从西北向东南方逐渐下降，所以其土壤饱和含水率最低的区域位于研究区的东南角，说明该地区的土壤质地较西北角更密实，大孔隙较少。而随着大孔隙排水，其土壤的含水率主要由毛管水组成，其毛细管大小及其各级数量的分布对于土壤在不同压力下的含水量都有着直接的影响。比较 3 个不同水势下的土壤含水率（θ_s、θ、θ_r）在研究区上的分布情况可以明显看出，随着土壤水势的减小（土壤水吸力增大），研究区田间的土壤含水率呈现有方向性的变化特征，具体呈现出土壤含水率低值区域渐渐地向北移动的特征。同时从

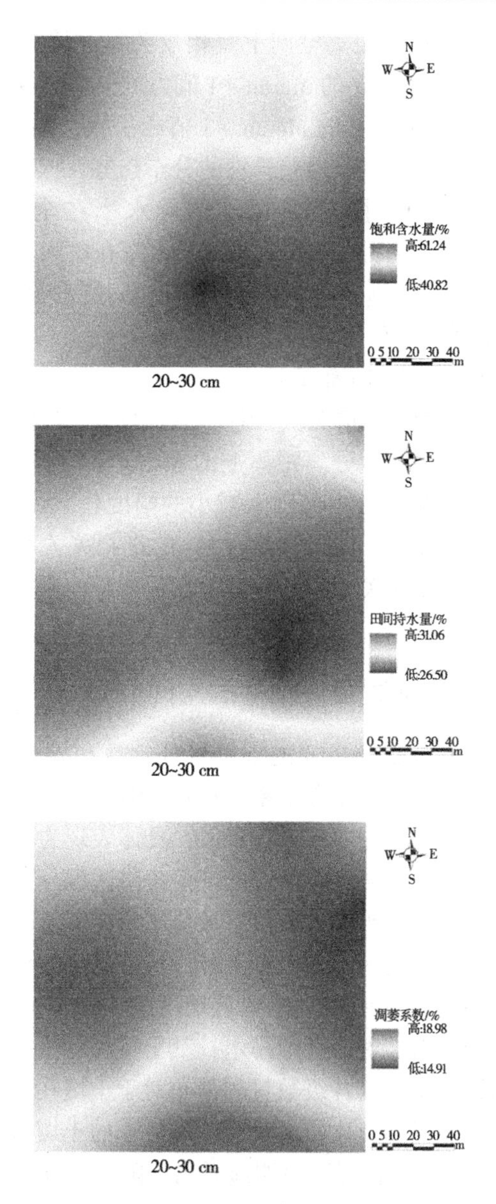

图 5-8　土壤水分常数及导水率的空间分布

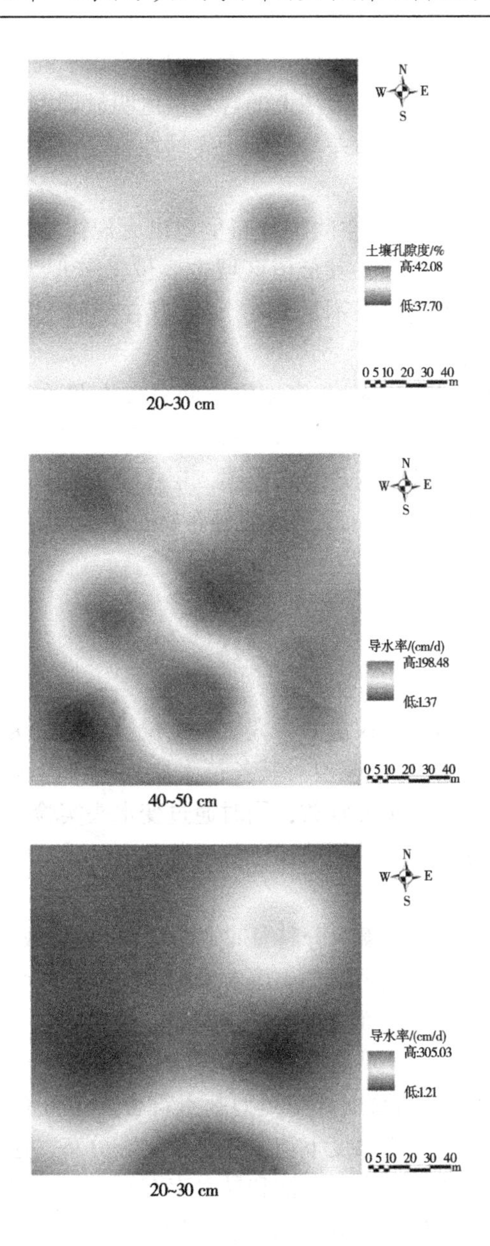
N
W
E
S
土壤孔隙度/%
高:42.08
低:37.70
0 5 10 20 30 40
m
20~30 cm
N
W
E
S
导水率/(cm/d)
高:198.48
低:1.37
0 5 10 20 30 40
m
40~50 cm
N
W
E
S
导水率/(cm/d)
高:305.03
低:1.21
0 5 10 20 30 40
m
20~30 cm

续图 5-8

各值段在研究区域上的分布面积来看，中间值以下的区域明显占主要部分，只有很小部分区域面积上的含水量值明显偏大于其他区域，说明含水量在空间上的分布差异较小，连续性较好，这与前面数字反映的特征基本一致。

土壤孔隙度（f）在空间的分布呈现出无规律零散的特征，中间值以上的区域占比较大，其低值区域主要位于南北两侧，占比较小，但最低值与最高值的差限不足5%，说明其在空间上的分布均质性较好，异质性较弱。

土壤的饱和导水率 K_s 与密度的空间分布有些许相似的特征，不同的是密度的低高值区则为导水率的高低值区，即第一层土壤的饱和导水率呈现出南高北低的趋势，而第二层土壤的饱和导水率则是在研究区内部表现为中间高、四周低的分布特征，且形成了“∞”字形的高值集聚区。

5.4　小　结

采用经典的压力膜仪法对研究区各点位土样的土壤水分特征曲线进行测定，并选用 V-G 模型对其各持水曲线进行拟合，由此得到相应的曲线参数和部分水分常数，同时通过变水头实验测得研究区各采样点处的饱和导水率。采用前述方法对其各变量进行空间分析，从而得到：

(1) 所有样点的土壤水分特征曲线形态基本一致，大致为“L”形特征，各样点在低吸力下的土壤含水率差异分布较显著，这种差异随着土壤水吸力的增大而呈现出减小的趋势。

(2) 曲线的拟合效果均较好，其各自曲线的拟合优度 R^2 均大于0.995。大多数变量的数据分布类型基本符合正态分布特征，而饱和导水率则是在各个分析尺度下均服从对数正态分布，这与许多研究者得到的对于大多数土壤来说，饱和导水率在空间上一般呈对数正态分布的结论相吻合。饱和含水率（θ_s）、田间持水量（θ）以及凋萎系数（θ_r）等在空间上均呈弱变异，饱和导水率则表现出很强的空间变异性。

(3) 变异函数分析表明多数变量在各自研究的尺度上都呈现中等的空间依赖性；在空间相关性距离方面，各尺度之间的差异较明显；比较各尺度下的结果可发现尺度对变量的半方差函数模型以及变量的空间相关度均没有明显一致和减弱或增强的趋势，呈现出较随机的特征，且有研究变量在大尺度上表现为有空间自相关的特征，而在小尺度上就表现为完全随机，无自相关性，表明在取样幅度与取样间距均不同的情况下，变量在小尺度上有空间自相关性和最大相关距离并不能保证在大尺度上也表现出有空间相关性和最大相关距离。

(4) 相关统计量及假设检验结果表明，多数变量在各尺度上呈现正相关关系，多以孔隙度（f）和饱和导水率 K_s 在空间上呈现出负的相关关系，说明此变量在空间上有趋异性的分布趋势。同时，增量自相关分析表明，在两尺度合并的情况下，对其部分研究参数的结果与前述两章稍有不同，即 Moran′s I 指数的绝对值减小，相关性明显减弱。

(5) 土壤饱和含水率（θ_s）、田间持水量（θ）、凋萎系数（θ_r）在空间上的分布情况大体相似，在东西方向上呈现出一条大致为整个区域宽度4/5的低值条带区域，而南北端为显著的高值区域；土壤孔隙度（f）则是在空间上呈现出无规律零散斑块分布的特征，饱和导水率在空间上的分布与土壤密度成相反趋势。

第 6 章　变量的合理取样数目及 Pearson 相关分析

由于土壤的各种特性在空间分布上既有连续性，又有变异性[5]，即区域化变量在空间上表现出很大概率的随机性特征，故为了使有限的样本值能够达到一定控制精度去估计变量空间区域上的总体分布情况，就必须要达到一定数量的采样数目，即合理采样数。经典统计学一般认为统计变量是完全随机的独立事件，增加样本的数量可以提高对总体的估计水平，但会消耗很大的人力、物力。而地统计学则证实很多的区域化变量在空间上是存在着相互联系的，在宏观上一点具有代表数点的作用，故不必要高密度地增加样本数量以提高总体估计精度，所以在一定的置信水平和精度要求下，采用区间估计理论探求空间的合理取样数目是可取的且具有重要意义[31,90]。

基于前述分析方法和理论中的合理取样数原理，这里的置信水平分别取 $P=95\%$ 和 90%，而变量的数学期望 μ 的偏差 k 分别为 5%、10%、15%和 20%。即由 t 分布表可知：

当 $P=95\%$ 时，t 分布的分位数 $t_{1-\frac{\alpha}{2}}=1.90$，故合理采样数目为 $n=3.84\dfrac{{C_v}^2}{k^2}$；

当 $P=90\%$ 时，t 分布的分位数 $t_{1-\frac{\alpha}{2}}=1.650$，故合理采样数目为 $n=2.71\dfrac{{C_v}^2}{k^2}$。

6.1　土壤各物理量的合理取样数

将前述章节中所求的各变量的变异系数代入合理取样数公式（2-29）得到表 6-1。由表 6-1 可知，用其已有采样的基础上获取的样本均值和方

表 6-1 土壤物理属性的合理取样估计

变量	土层分布/cm	变异系数/%	置信水平 P 值与偏差 k 值							
			95%				90%			
			5%	10%	15%	20%	5%	10%	15%	20%
a(200 m×200 m)										
黏粒	0~10	7.58	9	3	1	1	6	2	2	1
	20~30	8.03	10	2	1	1	7	2	2	1
	40~50	10.61	18	5	2	1	12	3	2	2
粉粒	0~10	3.28	2	1	1	1	2	1	1	1
	20~30	5.61	5	2	1	1	3	1	1	1
	40~50	8.43	11	3	1	1	8	2	2	1
沙粒	0~10	8.35	11	3	1	1	8	2	2	1
	20~30	11.14	20	5	2	1	13	3	2	1
	40~50	22.11	76	19	8	5	53	13	6	3
密度	20~30	8.09	11	3	1	1	7	2	2	1
	40~50	5.78	6	2	1	1	4	1	1	1
d>5 mm	0~20	33.08	169	42	19	11	119	30	13	7
3 mm<d<5 mm		18.67	54	13	6	3	38	9	4	2

续表 6-1

变量	土层分布/cm	变异系数/%	置信水平 P 值与偏差 k 值							
			95%				90%			
			5%	10%	15%	20%	5%	10%	15%	20%
a(200 m×200 m)										
1 mm<d<3 mm	0~20	17.22	46	11	5	3	32	8	4	2
0.25 mm<d<1 mm		22.77	80	20	9	5	56	14	6	4
d<0.25 mm		15.29	36	9	4	2	25	6	3	2
MWD		20.28	64	16	7	4	45	11	5	3
d>5 mm	20~40	39.05	234	59	26	15	165	41	18	10
3 mm<d<5 mm		23.49	85	21	9	5	60	15	7	4
1 mm<d<3 mm		18.69	54	13	6	3	38	9	4	2
0.25 mm<d<1 mm		18.43	53	13	6	3	37	9	4	2
d<0.25 mm		17.51	47	12	5	3	33	8	4	2
MWD		24.33	91	23	10	6	64	16	7	4
K_s	20~40	135.59	2 824	706	314	176	1 993	498	221	125
	40~50	113.53	1 980	495	220	124	1 397	349	155	87

续表 6-1

变量	土层分布/cm	变异系数/%	置信水平 P 值与偏差 k 值							
			95%				90%			
			5%	10%	15%	20%	5%	10%	15%	20%
a(200 m×200 m)										
α	20~30	58.23	521	130	58	33	368	92	41	23
n		6.30	6	2	1	1	4	1	1	1
θ_s		14.14	31	8	3	2	22	5	2	1
θ		8.68	12	3	1	1	8	2	2	1
θ_r		12.73	25	6	3	2	18	4	2	1
f		9.49	14	3	2	1	10	2	2	1
b(40 m×40 m)										
黏粒	0~10	3.66	2	1	1	1	1	1	1	1
	20~30	8.40	11	3	1	1	8	2	1	1
	40~50	11.35	20	5	2	1	14	3	2	1
粉粒	0~10	6.55	7	2	1	0	5	1	1	1
	20~30	7.19	8	2	1	0	6	1	1	1
	40~50	7.61	9	2	1	1	6	2	1	1

续表 6-1

变量	土层分布/cm	变异系数/%	置信水平 P 值与偏差 k 值							
			95%				90%			
			5%	10%	15%	20%	5%	10%	15%	20%
b(40 m×40 m)										
沙粒	0～10	9.64	14	4	2	1	10	3	1	1
	20～30	11.29	20	5	2	1	14	3	2	1
	40～50	17.26	46	11	5	3	32	8	4	2
密度	20～30	5.27	4	1	1	1	3	1	1	1
	40～50	3.23	2	1	1	1	1	1	1	1
d>5 mm	0～20	25.86	103	26	11	6	72	18	8	5
3 mm<d<5 mm		13.59	28	7	3	2	20	5	2	1
1 mm<d<3 mm		13.40	28	7	3	2	19	5	2	1
0.25 mm<d<1 mm		18.80	54	14	6	3	38	10	4	2
d<0.25 mm		13.62	29	7	3	2	20	5	2	1
MWD		17.11	45	11	5	3	32	8	4	2

续表 6-1

变量	土层分布/cm	变异系数/%	置信水平 P 值与偏差 k 值							
			95%				90%			
			5%	10%	15%	20%	5%	10%	15%	20%
b(40 m×40 m)										
d>5 mm	20~40	67.26	695	174	77	43	490	123	54	31
3 mm<d<5 mm		26.62	109	27	12	7	77	19	9	5
1 mm<d<3 mm		13.34	27	7	3	2	19	5	2	1
0.25 mm<d<1 mm		11.43	20	5	2	1	14	4	2	1
d<0.25 mm		13.48	28	7	3	2	20	5	2	1
MWD		31.82	155	39	17	10	110	27	12	7
K_s	20~40	70.14	756	189	84	47	533	133	59	33
	40~50	60.81	568	142	63	36	401	100	45	25
α	20~30	67.40	698	174	78	44	492	123	55	31
n		7.56	9	2	1	1	6	2	1	1
θ_s		11.32	20	5	2	1	14	3	2	1
θ		6.86	7	2	1	0	5	1	1	1
θ_r		9.83	15	4	2	1	10	3	1	1
f		8.83	12	3	1	1	8	2	1	1

续表 6-1

变量	土层分布/cm	变异系数/%	置信水平 P 值与偏差 k 值							
			95%				90%			
			5%	10%	15%	20%	5%	10%	15%	20%
c(200 m×200 m∪40 m×40 m)										
黏粒	0~10	6. 60	7	2	1	0	5	1	1	1
	20~30	8. 55	11	3	1	1	8	2	1	1
	40~50	10. 91	18	5	2	1	13	3	1	1
粉粒	0~10	8. 28	11	3	1	1	7	2	1	1
	20~30	9. 10	13	3	1	1	9	2	1	1
	40~50	8. 67	12	3	1	1	8	2	1	1
沙粒	0~10	12. 54	24	6	3	2	17	4	2	1
	20~30	13. 97	30	7	3	2	21	5	2	1
	40~50	20. 35	64	16	7	4	45	11	5	3
密度	20~30	6. 78	7	2	1	1	5	1	1	1
	40~50	5. 28	4	1	1	1	3	1	1	1

续表 6-1

变量	土层分布/cm	变异系数/%	置信水平 P 值与偏差 k 值							
			95%				90%			
			5%	10%	15%	20%	5%	10%	15%	20%
c(200 m×200 m∪40 m×40 m)										
d>5 mm	0~20	32. 05	158	39	18	10	111	28	12	7
3 mm<d<5 mm		17. 92	49	12	5	3	35	9	4	2
1 mm<d<3 mm		15. 92	39	10	4	2	27	7	3	2
0. 25 mm<d<1 mm		22. 78	80	20	9	5	56	14	6	4
d<0. 25 mm		14. 58	33	8	4	2	23	6	3	1
MWD		20. 56	65	16	7	4	46	11	5	3
d>5 mm	20~40	58. 98	534	134	59	33	377	94	42	24
3 mm<d<5 mm		27. 42	116	29	13	7	82	20	9	5
1 mm<d<3 mm		16. 74	43	11	5	3	30	8	3	2
0. 25 mm<d<1 mm		16. 86	44	11	5	3	31	8	3	2
d<0. 25 mm		16. 83	44	11	5	3	31	8	3	2
MWD		33. 09	168	42	19	11	119	30	13	7

续表 6-1

变量	土层分布/cm	变异系数/%	置信水平 P 值与偏差 k 值							
			95%				90%			
			5%	10%	15%	20%	5%	10%	15%	20%
c(200 m×200 m∪40 m×40 m)										
K_s	20~40	137.86	2 919	730	324	182	2 060	515	229	129
	40~50	92.15	1 304	326	145	82	921	230	102	58
α	20~30	64.54	640	160	71	40	452	113	50	28
n		7.50	9	2	1	1	6	2	1	1
θ_s		12.68	25	6	3	2	17	4	2	1
θ		7.89	10	2	1	1	7	2	1	1
θ_r		11.58	21	5	2	1	15	4	2	1
f		9.29	13	3	1	1	9	2	1	1

差来代替总体方差 σ^2 和均值 μ 去估计合理取样数所得到的结果表明，总其各尺度来看，在所有置信水平 $1-\alpha$ 和不同偏差 k 的情况下，土壤粒级属性、密度、土壤空隙以及土壤部分水分常数（θ_s、θ、θ_r）等的合理取样数是集体偏低的，这个结果进一步说明这些变量在空间上的异质性整体较弱，均质性较好。另外，团聚体的合理取样数则稍有增加，除上下两个土层粒径均大于 5 mm 的团聚体的合理取样数均在 100 以上有些偏高外，其他各粒级团聚体的合理取样数基本稳定在 60 以下，此取样数量级对于研究尺度而言是可以进行采样实践的。表 6-1 中所反映出合理取样数较大的多为数据服从对数正态分布（导水率 K、进气值 α 等）的变量，由于其变异系数较大，异质性强，导致其在空间分布上有很大的差异性，也就使要想通过样本来反映整体就必须高密度取样才可以，表 6-1 中所求变量的合理取样数也很好地证明了这一点。

比较三尺度之间，相同变量的合理取样数可发现，除土壤粒级属性的数量趋势随尺度变化不明显外，其他大多数变量的合理取样数随尺度取样面积的缩小而明显地减小，尤其是土壤团聚体属性以及土壤水分特征常数等区域化变量。同时结果还表明，当对其两尺度数据进行合并分析时，其变量在研究区域上的合理取样数接近于两尺度中合理取样数较大的数目，说明对区域化变量样本进行合并后，其原分布波动性较强的样本对新组成的样本影响较大。

偏差 k 值反映的是误差估计的精度，精度越高，合理取样数则越多，其结果符合统计学的参数估计理论。

查表 6-1 中数据与实际取样数目作比可了解到，在各尺度上，对于在 95% 及 90% 的置信水平下选取的 4 个精度 k 值而言，只有土壤粒级属性、密度、水分特征常数等变量的实际取样数基本已满足或超过由此理论估计的合理取样数目。另外，上下两层各级团聚体的实际取样数目除粒径 $d>5$ mm 的团聚体的合理取样数差距较大外，其他各粒级的实际取样数也已基本满足或超过估计的合理取样数目。而对于反映土壤水力性能的重要参数导水率而言，只有在小尺度 b 上，实际取样数目仅仅只能够满足置信度 $P=90\%$ 且精度 $k=20\%$ 下所估计的合理取样数目，以上具体结果见表 6-1。

6.2　土壤各物理量之间的 Pearson 相关

表 6-2 为土壤各物理量之间的相关性系数表，表中数据反映出土壤黏粒含量与大多数土壤物理量呈负相关关系，而只与密度和粒径 $d<1$ mm 的团聚体含量呈正相关关系；粉粒含量则主要表现为与较大水稳定性团聚体（$d>1$ mm）、导水率以及田间持水量等变量呈正相关关系，而与较小团聚体（$d<1$ mm）和形状系数 n 呈明显的负相关关系；沙粒与其他变量的关系正好与粉粒相反。还可看出黏粒与沙粒对其他物理变量的影响呈现出较一致的特点，而粉粒的结果正好相反。在影响程度上，土壤不同粒级的含量主要对导水率、团聚体（$d>5$ m）、团聚体（$d<1$ mm）、MWD、田间持水量 θ 以及形状系数 n 有明显的影响效果，相关性均达到显著性水平（$p<0.05$）。土壤密度与多数水分常数以及土壤较大团聚体多呈负相关关系，而导水率与其他物理量的关系则正好与之相反。

由表 6-2 可看出各级团聚体含量之间有很明显的相关关系，主要表现在粒径 $d>1$ mm 的各级团聚体之间以及与 MWD 之间呈显著的正相关关系（$p<0.01$），而在粒径 $d<0.1$ mm 的各级团聚体之间以及与 MWD 之间的关系正好相反，呈显著的负相关关系。说明该地区粒径 $d>1$ mm 的各级团聚体含量在垂直分布上是相关联的。除此之外，只有部分级别的团聚体与持水曲线的形状系数有显著的正负相关性，其他则相关性不强。

在水分常数及持水曲线方面可以发现，饱和含水率（θ_s）、田间持水量（θ）、凋萎系数（θ_r）以及形状系数 n 四者之间的关联性较好，而孔隙度（f）反而与这些水分常数之间的关系并不明显。

表 6-2 土壤各物理量之间的相关性系数表

物理量	黏粒	粉粒	沙粒	密度	导水率	$d>$ 5 mm	3 mm $<d<$ 5 mm	1 mm $<d<$ 3 mm	0.25 mm $<d<$ 1 mm	$d<$ 0.25 mm	MWD	α	n	θ_s	θ	θ_r	f
密度	0.36**	−0.15	0.02	1													
导水率	−0.08	0.33*	−0.30*	−0.55**	1												
$d>$5 mm	−0.19	0.51**	−0.43**	−0.15	0.13	1											
3 mm $<d<$ 5 mm	−0.27	0.36*	−0.26	−0.35*	0.31*	0.79**	1										
1 mm $<d<$ 3 mm	−0.12	0.22	−0.17	−0.17	0.15	0.34*	0.62**	1									
0.25 mm $<d<$ 1 mm	0.15	−0.35*	0.29*	0.07	−0.09	−0.82**	−0.72**	−0.44**	1								
$d<$0.25 mm	0.23	−0.45**	0.36**	0.30*	−0.24	−0.76**	−0.81**	−0.53**	0.37**	1							
MWD	−0.22	0.50**	−0.42**	−0.20	0.18	0.99**	0.87**	0.44**	−0.81**	−0.82**	1						
α	−0.10	0.14	−0.11	−0.20	0.35*	−0.02	0.09	−0.02	0.04	−0.05	0	1					
n	0.17	−0.64**	0.56**	0.17	−0.37**	−0.41**	−0.31*	−0.16	0.24	0.40**	−0.41**	−0.46**	1				
θ_s	−0.09	−0.02	0.05	0.02	−0.10	−0.08	−0.06	−0.11	0.12	0.03	−0.08	0.19	0.37**	1			
θ	−0.05	0.48**	−0.46**	−0.14	0.21	0.17	0.10	0.03	−0.03	−0.22	0.17	0.07	−0.29*	0.43**	1		
θ_r	0.10	0.16	−0.20	−0.25	0.40**	−0.09	−0.02	0.08	0.10	−0.01	−0.07	0.26	−0.30*	−0.02	0.63*	1	
f	−0.29*	−0.14	0.24	−0.38**	0.15	0.09	0.23	0.20	−0.07	−0.19	0.13	0.35*	0.03	0.20	−0.26	−0.07	1

注:“ * ”在 0.05 级别(双尾),相关性显著;“ * * ”在 0.01 级别(双尾),相关性显著。

6.3 小 结

本章基于统计相关原理着重阐述了各研究变量在不同尺度下的合理取样数目，并对其各变量之间的相关性做了分析和讨论，得到以下主要结果：

(1) 除土壤粒级属性的数量趋势随尺度变化不明显外，其他大多数变量的合理取样数随尺度取样面积的缩小明显地减小；且当对其尺度数据进行合并分析时，其原分布波动性较强的样本对新组成的样本有直接影响，致使其所求的合理取样数大致相当。

(2) 比较实际取样和估计的合理取样数来看，有土壤粒级属性、密度、土壤水分等变量的实际取样数基本已满足或超过由此理论估计的合理取样数目。另外，除粒径 d>5 mm 的团聚体的合理取样数较大不满足外，其他各粒级已基本满足或超过。而对于参数导水率而言，大多水平下的合理取样数均未满足且差距较大。

(3) 多数土壤物理参数与土壤粒级属性有较强的相关关系；土壤密度则与其多数水分常数以及土壤较大团聚体多呈负相关关系，导水率与其他物理量的关系却正好与之相反；其次，团聚体除与其他变量的关系外，其内部之间的关系也较密切，变量之间多存在显著的正负相关关系；并且研究区上水分常数之间的关联性也较好。

第 7 章　结论与愿望

7.1　研究结论

本书通过对研究区的土壤各粒级含量、饱和导水率、土壤团聚体、水分特征曲线及土壤水分等变量进行测定，研究了其在空间上的变异规律以及各自的空间自相关性，得到以下结论：

(1) 土壤粒级、密度、水分等属性变量在研究区分布上，其均质性较好，在空间上基本呈现为弱变异；饱和导水率则是表现出较强的空间变异性，异质性较强；土壤团聚体在空间上则主要呈现为中等的空间变异特征，且小团聚体在空间上的分布较均衡，异质性弱，而直径较大的团聚体在空间分布上呈现出较大差异。其数据分布类型除饱和导水率在空间上均为对数正态分布外，其他属性变量则多为正态分布。各属性变量在其各尺度上多呈中等的空间依赖性，其各自的最大相关距离则主要随研究尺度和变量属性的不同而呈现较大的波动性，差异较大，仅有土壤粒级属性及密度的最大相关距离较稳定，其大小多以研究尺度最大距离的 1/3 出现。

(2) 研究变量在全局上或在各距离空间上多为正相关关系，变量在空间上有聚类分布趋势；仅有土壤孔隙度（f）、饱和导水率（K_s）以及位于土壤深度 20~40 cm 内的各级团聚体在 b 尺度上主要呈现为负相关关系，有趋异性的分布特征。另外，从检验统计量的 p 值可看出，当采样频率增加，变量在空间上所呈现出的空间自相关性会得到明显的加强，达到极显著的空间自相关性水平（$p<0.01$）。说明在样点减少而样距增大的情况下，变量的空间自相关性会被不同程度地掩盖，故为了有效量化各物理量的空间关系，则必须根据采样面积考虑采样间距的布置。

(3) 研究区土壤质地多为粉沙质黏壤土，仅有部分零星区域为粉沙质壤土和黏壤土。土层 0~30 cm 内的黏粒、粉粒、沙粒含量在空间上的分布具有一致性，而深度 40~50 cm 以下土层的分布则与浅层明显不同。在团聚体含量水平上，浅层 0~20 cm 土壤中团聚体的含量水平明显高于亚表层 20~40 cm 土壤中的水平。20~30 cm 土壤饱和含水率 (θ_s)、田间持水量 (θ)、凋萎系数 (θ_r) 等在空间上的分布情况基本一致，饱和导水率在空间上的分布与土壤密度呈相反趋势。

(4) 土壤各粒级、密度、土壤水分及团聚体等变量的实际取样数基本已满足或超过由理论推导估计的合理取样数目。而对于导水率而言，大多水平下的合理取样数均未满足且差距较大。另外，除土壤粒级属性的合理取样数随尺度变化不明显外，其他属性变量的合理取样数随取样面积的缩小而明显减小。此结果表明，采样测试点的布局可根据计算出的各变量的合理取样数目做出适当的调整。

7.2　创新点

(1) 基于田间尺度，分析了各土壤水分物理特性的空间变异及自相关性，为本地区农田的数字化、精细化管理研究提供了数据支撑。

(2) 推导了区间估计理论并进行了合理取样数目计算，为田间尺度土壤水分物理特性的取样测试提供了理论依据。

7.3　不足之处及研究展望

(1) 本书只是对土壤水分物理特性的空间变异及自相关性做了静态分析，并没有对其在时间上的异质性及相关性给出相应的数据支撑和理论阐释。

(2) 受时间的限制，本书未考虑到尺度对其空间变异及自相关性的影响，在样点布局时只设置了两个田间尺度，太少，不足以归纳出田间尺度效应。

以上两方面的思考将在今后拟开展的研究工作中得到有效阐释。

参考文献

[1] 林大仪，谢英荷．土壤学［M］．2 版．北京：中国林业出版社，2011.

[2] CHEN S, LIN B, LI Y, et al. Spatial and temporal changes of soil properties and soil fertility evaluation in a large grain-production area of subtropical plain, China [J]. Geoderma, 2020, 357: 113937.

[3] AGHASI B, JALALIAN A, KHADEMI H, et al. Sub-basin scale spatial variability of soil properties in Central Iran [J]. Arabian Journal of Geosciences, 2017, 10(6): 1-8.

[4] de OLIVEIRA J F, MAYI S, MARCHÃO R L, et al. Spatial variability of the physical quality of soil from management zones [J]. Precision Agriculture, 2019, 20(6): 1251-1273.

[5] 张超，王会肖．土壤水分研究进展及简要评述［J］．干旱地区农业研究，2003(4): 117-120.

[6] 张诗祁，牛文全，李国春．关中平原田间土壤含水量的空间变异性［J］．应用生态学报，2020，31 (3): 821-828.

[7] PANDEY V, PANDEY P K. Spatial and Temporal Variability of Soil Moisture [J]. International Journal of Geosciences, 2010, 1 (2): 87-98.

[8] HE M, WANG Y, WANG L, et al. Spatio-temporal variability of multi-layer soil water at a hillslope scale in the critical zone of the Chinese Loess Plateau [J]. Hydrological Processes, 2020, 34 (23): 4473-4486.

[9] ZHAN J, HE Y, ZHAO G, et al. Quantitative Evaluation of the Spatial Variation of Surface Soil Properties in a Typical Alluvial Plain of the Lower Yellow River Using Classical Statistics, Geostatistics and Single Fractal and Multifractal Methods [J]. Applied Sciences, 2020, 10 (17): 5796.

[10] WANG M, LIU H, LENNARTZ B. Small-scale spatial variability of hydro-physical properties of natural and degraded peat soils [J]. Geoderma, 2021, 399: 115-123.

[11] WANI M A, SHAISTA N, WANI Z M. Spatial Variability of Some Chemical and Physical Soil Properties in Bandipora District of Lesser Himalayas [J]. Journal

of the Indian Society of Remote Sensing, 2017, 45 (4): 611-620.

[12] VIDANA GAMAGE D N, BISWAS A, STRACHAN I B. Spatial variability of soil thermal properties and their relationships with physical properties at field scale [J]. Soil and Tillage Research, 2019, 193: 50-58.

[13] 赵宣，郝起礼，孙婴婴．典型毛乌素沙漠-黄土高原过渡带土壤盐渍化空间异质性及其影响因素 [J]．应用生态学报，2017，28 (6)：1761-1768.

[14] 叶露萍，谭文峰，方临川，等．基于地统计学的土壤团聚体空间变异研究进展 [J]．中国水土保持科学，2019，17 (2)：146-153.

[15] DONG Q, HAN J, LEI N, et al. Temporal and spatial variation of soil moisture of small watershed in gully catchment of the Loess Plateau of China：第四届能源与环境研究进展国际学术会议 (ICAEER 2019) [C]. 中国上海，2019.

[16] 胡小东，李仙岳，冷旭，等．干旱区土壤含水率和盐分的空间变异性及其关系研究 [J]．水资源与水工程学报，2020，31 (4)：238-244.

[17] 徐翠兰，侯淑楠，姚紫东，等．南方农田土壤容重空间变异性及其尺度效应 [J]．排灌机械工程学报，2017，35 (5)：424-429.

[18] Eghball B, Schepers J S, Negahban M, et al. Spatial and Temporal Variability of Soil Nitrate and Corn Yield: Multifractal Analysis [J]. Agronomy Journal. 2003, 2 (95): 339-466.

[19] ZELEKE T B, SI B C. Scaling Relationships between Saturated Hydraulic Conductivity and Soil Physical Properties [J]. Soil Science Society of America journal, 2005, 69 (6): 1691-1702.

[20] 李丽梅，胡华．网格尺度上宁夏平原区土壤水分入渗空间变异性分析 [J]. 灌溉排水学报，2015，34 (9)：49-54.

[21] 张法升，刘作新．分形理论及其在土壤空间变异研究中的应用 [J]．应用生态学报，2011，22 (5)：1351-1358.

[22] KRAVCHENKO A N, BOAST C W, BULLOCK D G. Multifractal Analysis of Soil Spatial Variability [J]. Agronomy Journal, 1999, 91 (6): 1033-1041.

[23] 刘继龙，马孝义，张振华．不同土层土壤水分特征曲线的空间变异及其影响因素 [J]．农业机械学报，2010，41 (1)：46-52.

[24] 刘继龙，张玲玲，付强，等．黑土区玉米穗质量与影响因素的联合多重分形研究 [J]．农业机械学报，2018，49 (4)：330-336.

[25] 高瑞忠，朝伦巴根，贾德彬，等．神经网络模型在根系带土壤水力特征参数空间变异性研究中的应用 [J]．水资源与水工程学报，2004 (4)：13-16.

[26] 赵文举，崔珍，马孝义，等．不同采样幅度和间距下压砂地枣树土壤水分的空间变异性研究［J］．农业现代化研究，2016，37（6）：1181-1189.

[27] 胡伟，邵明安，王全九．黄土高原退耕坡地土壤水分空间变异的尺度性研究［J］．农业工程学报，2005（8）：11-16.

[28] CHOI M，JACOBS J M，COSH M H. Scaled spatial variability of soil moisture fields［J］．Geophysical Research Letters，2007，34（1）：223-234.

[29] 孔达，王立权，刘继龙，等．黑土区农田土壤含水量空间变异性的尺度效应研究［J］．水利学报，2017，48（5）：608-612.

[30] 郭德亮，樊军，米美霞．黑河中游绿洲区不同土地利用类型表层土壤水分空间变异的尺度效应［J］．应用生态学报，2013，24（5）：1199-1208.

[31] 秦京涛，吕谋超，邓忠，等．豫北砂质壤土地区不同尺度农田土壤含水率空间变异性研究［J］．灌溉排水学报，2019，38（7）：10-16.

[32] 马春芽，王景雷，陈震，等．基于温度植被干旱指数的土壤水分空间变异性分析［J］．灌溉排水学报，2019，38（3）：28-34.

[33] ZHANG J G，CHEN H S，SU Y R，et al. Spatial variability and patterns of surface soil moisture in a field plot of karst area in southwest China［J］．PLANT SOIL ENVIRON，2011，57（9）：409-417.

[34] 顾成军，高正宝，赵明伟．皖东江淮丘陵县域农田土壤有机质空间变异特征［J］．中国土壤与肥料，2020（1）：39-44.

[35] NEGASSA W，BAUM C，SCHLICHTING A，et al. Small-Scale Spatial Variability of Soil Chemical and Biochemical Properties in a Rewetted Degraded Peatland［J］．Frontiers in Environmental Science，2019，7.

[36] 耿韧，张光辉，李振炜，等．黄土丘陵区浅沟表层土壤容重的空间变异特征［J］．水土保持学报，2014，28（4）：257-262.

[37] ZHANG J，CHEN H，SU Y，et al. Spatial Variability of Surface Soil Moisture in a Depression Area of Karst Region［J］．Clean-Soil，Air，Water，2011，39（7）：619-625.

[38] HUANG Y，CHEN L，FU B，et al. Effect of land use and topography on spatial variability of soil moisture in a gully catchment of the Loess Plateau，China［J］. Ecohydrology，2012，5（6）：826-833.

[39] HAN G，WANG J，PAN Y，et al. Temporal and Spatial Variation of Soil Moisture and Its Possible Impact on Regional Air Temperature in China［J］．Water，2020，12（6）：1807.

[40] 乔江波，朱元骏，贾小旭，等．黄土高原关键带全剖面土壤水分空间变异性 [J]．水科学进展，2017，28 (4)：515-522.

[41] 谭帅，王全九，罗小东，等．膜下滴灌前后表层土壤水分空间变异性 [J]．干旱地区农业研究，2016，34 (1)：43-49.

[42] AWAL R，SAFEEQ M，ABBAS F，et al. Soil Physical Properties Spatial Variability under Long-Term No-Tillage Corn [J]．Agronomy，2019，9 (11)：750.

[43] REZA S K，DUTTA D，BANDYOPADHYAY S，et al. Spatial Variability Analysis of Soil Properties of Tinsukia District，Assam，India [J]．Agricultural Research，2019，8 (2)：231-238.

[44] 赵晴月，许世杰，张务帅，等．中国玉米主产区土壤养分的空间变异及影响因素分析 [J]．中国农业科学，2020，53 (15)：3120-3133.

[45] DELBARI M，AFRASIAB P，GHARABAGHI B，et al. Spatial variability analysis and mapping of soil physical and chemical attributes in a salt-affected soil [J]. Arabian Journal of Geosciences，2019，12 (3)：1-18.

[46] 王云强，邵明安，刘志鹏．黄土高原区域尺度土壤水分空间变异性 [J]．水科学进展，2012，23 (3)：310-316.

[47] AJAMI M，HEIDARI A，KHORMALI F，et al. Spatial Variability of Rainfed Wheat Production Under the Influence of Topography and Soil Properties in Loess-Derived Soils，Northern Iran [J]．International Journal of Plant Production，2020，14 (4)：597-608.

[48] 邹心雨，张卓栋，吴梦瑶，等．河北坝上地区坡面尺度土壤机械组成的空间变异 [J]．中国水土保持科学，2019，17 (5)：44-53.

[49] HERBST M，DIEKKRÜGER B，VEREECKEN H. Geostatistical co-regionalization of soil hydraulic properties in a micro-scale catchment using terrain attributes [J]．Geoderma，2006，132 (1-2)：206-221.

[50] 傅子洹，王云强，安芷生．黄土区小流域土壤容重和饱和导水率的时空动态特征 [J]．农业工程学报，2015，31 (13)：128-134.

[51] 郑纪勇，邵明安，张兴昌．黄土区坡面表层土壤容重和饱和导水率空间变异特征 [J]．水土保持学报，2004 (3)：53-56.

[52] 何丹，马东豪，张锡洲，等．土壤入渗特性的空间变异规律及其变异源 [J]. 水科学进展，2013，24 (3)：340-348.

[53] 于冬雪，贾小旭，黄来明．黄土区不同土层饱和导水率空间变异与影响因素 [J]．土壤通报，2018，49 (5)：1073-1079.

[54] 王卫华，王全九．基于 GPS 与 GE 的土壤水力参数空间变异采样间距确定［J］．农业机械学报，2014，45（3）：97-100.

[55] GODOY V A, ZUQUETTE L V, GÓMEZ-HERNÁNDEZ J J. Spatial variability of hydraulic conductivity and solute transport parameters and their spatial correlations to soil properties［J］. Geoderma, 2019, 339: 59-69.

[56] 赵春雷，邵明安，贾小旭．黄土高原北部坡面尺度土壤饱和导水率分布与模拟［J］．水科学进展，2014，25（6）：806-815.

[57] YEKZABAN A, SHABANPOUR M, DAVATGAR N. Spatial Distribution of Soil Aggregate Stability (MWD) as Compared to Particle Size Distribution (PSD) Using Geostatistics［J］. Scientific Journal of Environmental Sciences, 2014, 3 (4): 28-35.

[58] 周萍，刘国彬，侯喜禄．黄土丘陵区不同土地利用方式土壤团粒结构分形特征［J］．中国水土保持科学，2008（2）：75-82.

[59] YEA L, TANA W, FANGA L, et al. Spatial analysis of soil aggregate stability in a small catchment of the Loess Plateau, China: I. Spatial variability［J］. Soil & Tillage Research, 2018, 179: 71-81.

[60] Barik K, Aksakal E L, Islam K R, et al. Spatial variability in soil compaction properties associated with field traffic operations - ScienceDirect［J］. CATENA, 2014, 120 (3): 122-133.

[61] SIQUEIRA D S, MARQUES J, PEREIRA G T. The use of landforms to predict the variability of soil and orange attributes［J］. Geoderma, 2010, 155 (1): 55-66.

[62] 王红兰，唐翔宇，鲜青松，等．紫色土水分特征曲线室内测定方法的对比［J］．水科学进展，2016，27（2）：240-248.

[63] 聂坤堃，聂卫波，马孝义．离心机法测定土壤水分特征曲线中的收缩特性［J］．排灌机械工程学报，2019，37（11）：978-985.

[64] 任健，张吴平，王国芳，等．基于离心机法获取定体积质量下的土壤水分特征曲线［J］．灌溉排水学报，2020，39（1）：84-90.

[65] 杜泽文．土壤水分特征曲线的推求方法［D］．西安：长安大学，2016.

[66] 李彬楠，樊贵盛．基于灰色理论-BP 神经网络方法的土壤水分特征曲线预测模型［J］．干旱区资源与环境，2018，32（7）：166-171.

[67] 安乐生，赵宽，李明．表征全吸力范围的土壤水分特征曲线模型评估及其转换函数构建［J］．自然资源学报，2019，34（12）：2732-2742.

[68] 李爽，赵相杰，谢云，等．基于土壤理化性质估计土壤水分特征曲线 Van Genuchten 模型参数［J］．地理科学，2018，38（7）：1189-1197.
[69] Mandelbrot B. How Long Is the Coast of Britain? Statistical Self-Similarity and Fractional Dimension［J］. Science，1967，156（3775）：636-638.
[70] ARYA L M，PARIS J F. A Physic empirical Model to Predict the Soil Moisture Characteristic from Particle-Size Distribution and Bulk Density Data［J］. Soil Science Society of America Journal，1981，6（45）：1023-1030.
[71] TYLER S W，WHEATCRAFT S W. Fractal Scaling of Soil Particle-Size Distributions：Analysis and Limitations［J］. Soil Science Society of America Journal，1992，2（56）：362-369.
[72] 王康，张仁铎，王富庆．基于不完全分形理论的土壤水分特征曲线模型［J］．水利学报，2004（5）：1-6.
[73] 刘慧，刘建立．估计土壤水分特征曲线的简化分形方法［J］．土壤，2004（6）：672-674.
[74] 刘继龙，马孝义，张振华，等．基于联合多重分形的土壤水分特征曲线土壤传递函数［J］．农业机械学报，2012，43（3）：51-56.
[75] GARDNER W R，HILLEL D I，BENYAMINI Y. Post-Irrigation Movement of Soil Water：Redistribution［J］. Water Resources Research，1970，6（3）：851-861.
[76] Brooks R H，Corey A T. Hydraulic Properties of Porous Media and Their Relation to Drainage Design［J］. Transactions of the ASAE，1964，7（1）：26-28.
[77] CAMPBELL G S. A Simple Method for Determining Unsaturated Conductivity From Moisture Retention Data［J］. Soil Science，1974，117（6）：311-314.
[78] Van Genuchten M T. A closed-form equation for predicting the hydraulic conductivity of unsaturated soils［J］. Soil Science Society of America Journal，1980，44（5）：892-898.
[79] 来剑斌，王全九．土壤水分特征曲线模型比较分析［J］．水土保持学报，2003（1）：137-140.
[80] 陈印平，夏江宝，刘俊华．不同农田防护林下盐碱地土壤水分特征曲线差异对比［J］．中国水土保持科学，2019，17（5）：18-24.
[81] 翟俊瑞，谢云，李晶，等．不同侵蚀强度黑土的土壤水分特征曲线模拟［J］．水土保持学报，2016，30（4）：116-122.

[82] 郝振纯，杨兆，王加虎，等．淮北平原典型土壤水分特征曲线测定与分析［J］．水电能源科学，2013，31（2）：106-108.

[83] 宁婷，郭忠升，李耀林．黄土丘陵区撂荒坡地土壤水分特征曲线及水分常数的垂直变异［J］．水土保持学报，2014，28（3）：166-170.

[84] 石浩楠，陈植华，胡成，等．江汉平原北部黏土层土壤水分特征曲线的测定与模拟［J］．安全与环境工程，2019，26（5）：25-32.

[85] 孙迪，夏静芳，关德新，等．长白山阔叶红松林不同深度土壤水分特征曲线［J］．应用生态学报，2010，21（6）：1405-1409.

[86] 张仁铎．空间变异理论及应用［M］．北京：科学出版社，2005.

[87] 张川，陈洪松，张伟，等．喀斯特坡面表层土壤含水量、容重和饱和导水率的空间变异特征［J］．应用生态学报，2014，25（6）：1585-1591.

[88] MORAN，AP P. NOTES ON CONTINUOUS STOCHASTIC PHENOMENA［J］. Biometrika，1950，37（1/2）：17-23.

[89] 罗勇．红壤丘岗区不同利用土壤水分时空变异性［D］．武汉：华中农业大学，2008.

[90] 王峰．基于 GIS 的流域土壤特性及抗侵蚀性能空间变异研究［D］．重庆：西南大学，2006.

[91] 庄楚强，何春雄．应用数理统计基础［M］．4 版．广州：华南理工大学出版社，2013.

[92] 慈恩，杨林章，程月琴，等．不同耕作年限水稻土土壤颗粒的体积分形特征研究［J］．土壤，2009，41（3）：396-401.

[93] 张佳瑞，王金满，祝宇成，等．分形理论在土壤学应用中的研究进展［J］．土壤通报，2017，48（1）：221-228.

[94] 薛涛．小流域土壤团聚体稳定性及空间变异特征研究［D］．长沙：湖南农业大学，2010.

[95] 陆欣，谢英荷．土壤肥料学［M］．2 版．北京：中国农业大学出版社，2011.

[96] 郑子成，李卫，李廷轩，等．基于分形理论的设施土壤水分特征曲线研究［J］．农业机械学报，2012，43（5）：49-54.

[97] LI P，LI T，VANAPALLI S K. Prediction of soil-water characteristic curve for Malan loess in Loess Plateau of China［J］. Journal of Central South University，2018，25（2）：432-447.

[98] 栗现文，周金龙，靳孟贵，等．高矿化度土壤水分特征曲线及拟合模型适宜

性［J］. 农业工程学报, 2012, 28 (13): 135-141.
[99] 高会议, 郭胜利, 刘文兆, 等. 不同施肥土壤水分特征曲线空间变异［J］. 农业机械学报, 2014, 45 (6): 161-165.
[100] 雷志栋, 杨诗秀, 谢森传. 土壤水动力学［M］. 北京: 清华大学出版社, 1998.
[101] WANG Z, LI X, SHI H, et al. Estimating the water characteristic curve for soil containing residual plastic film based on an improved pore-size distribution［J］. Geoderma, 2020, 370: 114341.
[102] QIAO X, MA S, PAN G, et al. Effects of Temperature Change on the Soil Water Characteristic Curve and a Prediction Model for the Mu Us Bottomland, Northern China［J］. Water, 2019, 11 (6): 1235.
[103] 陈俊英, 刘畅, 张林, 等. 斥水程度对脱水土壤水分特征曲线的影响［J］. 农业工程学报, 2017, 33 (21): 188-193.
[104] 曹涛鸿. 压砂地土壤水动力学参数特征及其空间变异规律研究［D］. 兰州: 兰州理工大学, 2020.
[105] SUDICKY E A. A natural gradient experiment on solute transport in a sand and gravel aquifer: Spatial variability of hydraulic conductivity and its role in the dispersion process［J］. Water Resources Research, 1986, 22: 2069-2082.
[106] RUSSO D, BOUTON M. Statistical analysis of spatial variability in unsaturated flow parameters［J］. Water Resources Research, 1992, 28 (7): 1911-1925.